질문 더하기
과학 수업

질문 더하기
과학 수업

ⓒ 강태화, 2026

초판 1쇄 발행 2026년 3월 9일

지은이   강태화
펴낸이   이기봉
편집   좋은땅 편집팀
펴낸곳   도서출판 좋은땅
주소   서울특별시 마포구 양화로12길 26 지월드빌딩 (서교동 395-7)
전화   02)374-8616~7
팩스   02)374-8614
이메일   gworldbook@naver.com
홈페이지   www.g-world.co.kr

ISBN   979-11-388-5527-3 (03400)

질문 더하기
과학 수업

A QUESTION-PLUS
SCIENCE CLASS

강태화 지음

좋은땅

들어가면서

    2000년, 3월 중학교에서 과학을 가르치기 시작했습니다. 그리고 25년이 흘렀습니다. 기계공학과를 졸업하고 물리 교육을 다시 전공한 만큼, 최대한 많이 가르치려고만 했던 시기가 교직 생활 전체의 3분의 1쯤 되는 것 같습니다. 컴퓨터와 인터넷 보급에 맞추어 이것저것 수업에 적용해 보던 시기가 3분의 1, 그리고 이 글의 제목처럼 질문으로 수업을 채워 보고자 노력한 시기가 3분의 1쯤 되는 것 같습니다. 이제는 정착한 듯합니다. 제 능력으로는 '질문을 고민하게 만드는 수업' 이상의 수업 방식을 찾지 못했기 때문입니다. 비록 점수에 반영되기 때문에 억지로 하는 질문이라도 말이죠.

    저는 줄과 칸이 넓어 몇 줄 쓰지도 못하는 초등학교 저학년용 알림장을 나누어 주고 수업이 진행되는 매시간, 질문을 작성하게 하여 평가에 연결합니다. 질문은 수업 내용이 이해되지 않는 것에 대한 것도 좋고, 수업 내용과 관련되어 떠오르는 일상적인 궁금함도 좋습니다. 질문이 없을 때는 수업 내용 중 가장 중요하게 생각되는 것을 짧게 쓰

도록 합니다. 아주 유치한 질문 이외에는 다음번 수업 전까지 답변과
평가, 격려를 써서 되돌려줍니다. 그러다 보면 학생들이 뭘 알았는지,
뭘 잘못 알고 있는지, 뭘 알고 싶은지 등의 정보를 얻게 되고 다음 수
업의 출발을 든든한 마음에서 할 수 있게 됩니다.

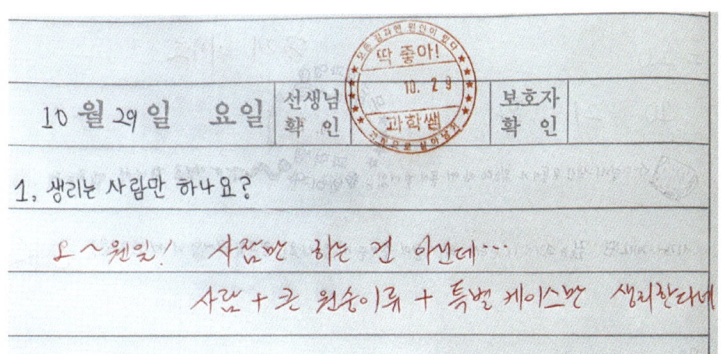

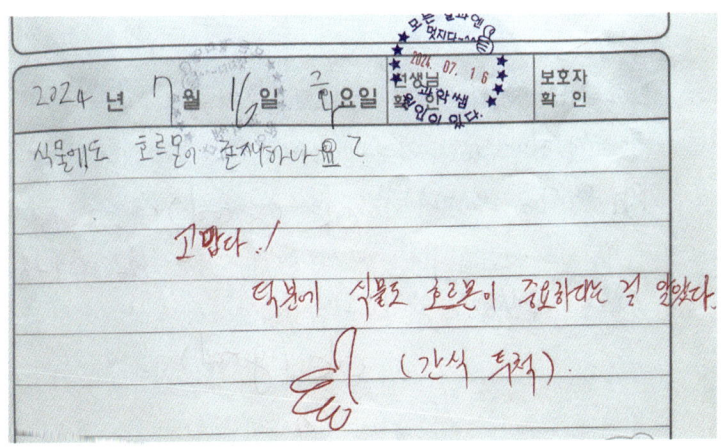

이와 같은 질문 노트를 활용하게 된 것은 제 학창 시절의 경험이 영향을 미쳤을 겁니다. 스스로 평가하기에 제가 그렇게 우수한 학습 능력을 갖추고 있지는 못하다고 생각합니다. 특히 암기력은 보통 수준도 안되는 것 같아서 중고등학교 시절 한문 단어, 영어 단어를 외울 때는 시간은 시간대로 노력은 노력대로 낭비되는 느낌이었습니다. 대신에 선생님이 시간제한 없이 한번 풀어 볼 테면 풀어 보라는 식으로 낸 고난도 수학 문제를 학급에서 제일 먼저 풀어서 교무실로 찾아갔던 경험으로 보아 이해력, 사고력은 꽤 좋았던 것 같습니다. 불행하게도 제 학창 시절은 공부에서 이해력보다는 암기력이 훨씬 중요했지요. 조금 나아지기는 했지만, 요즘도 암기가 제일 중요한 교육 현장이기는 합니다.

영어 단어는 정말 이상했습니다. 제가 학교에 다니던 시절에는 중학교를 올라가서 처음 A, B, C…, a, b, c…를 배우고 boy, girl 등의 단어를 배웠습니다. 다른 나라 말이니 단어를 외워야 하는 것은 알겠는데 발음이 이상했습니다. Home(홈), come(컴), cool(쿨)… 알파벳 'o'가 어떨 때는 '오', 어떨 때는 '어', 어떨 때는 '우'로 발음되는 것이었습니다. 그것은 a, e, i, u도 마찬가지였습니다. 자음은 일관성이 있는데 모음은 자음처럼 일관성이 없었습니다. 그렇다 보니 수시로 시켜지는 영어 교과서 읽기는 수업 시간 내내 트라우마였습니다. 1학기 내내 짬짬이 발음의 규칙을 찾기 위해 혼자 고민했습니다. "규칙만 이해하면 나도 영어를 쉽게 읽게 될 거야, 빨리 규칙을 알아내야 해." …….

오랫동안 규칙을 찾아 헤맸지만, 결국 영어 단어 발음에 특별한 규칙은 없었습니다. 발음마저도 그냥 외워야 하는 것이었지요. 저는 이 단순한 사실을 왜 누군가에게 확인해 보지 않았을까요? 그게 제 성향인 것 같습니다. 물어보는 것은 도움을 받는 것으로 생각했고, 그걸 맘 편하게 하지 못했습니다. 모르는 길을 물어보면 편한데 지도만 이리저리 돌려 보는 사람처럼 말이지요. 지금처럼 책이 잔뜩 있는 도서관이 곳곳에 있거나, 인터넷이 있었다면 좋았겠지만, 그때는 무엇을 물어볼 수 있는 대상이 거의 학교 선생님뿐이었습니다. 그런데 그 시절 남자 중고등학교 선생님들은 약속이나 한 듯 무서움이 콘셉트였고, 영어 선생님 역시 영어 교과서 읽기와 단어 시험으로 언제든 책 사이에 끼워 온 몽둥이를 꺼내어 들 준비가 된 분이었습니다. 질문할 용기가 없었습니다. 선생님께 질문하는 것은 큰 용기가 필요했던 시절이었습니다. 친구들에게 물어봐도 "영어 단어 발음에 규칙이 있나? 없을걸?" 등의 확실한 대답은 없었습니다. 그렇게 영어에 대한 첫인상은 중학교 1학년 1학기 때 망쳐졌고 영어 만능주의 세상에서 족히 십 년은 허우적거려야 했습니다.

그렇다 보니 과학은 상대적으로 공부하기에 수월했습니다. 한문, 영어, 사회 이런 과목에 비해 외워야 할 내용이 훨씬 적었거든요. 하지만 질문하기 어려운 분위기는 마찬가지였습니다. 궁금한 게 있어도 속으로 삭이거나, 얕은 지식으로 엉터리로라도 짜맞추어 이해하려고 했던 것 같습니다. 그 당시 하고 싶었던 과학 질문으로 이런 것들이 생각납니다. "선생님! 호흡할 때 산소를 들이마시고 이산화탄소를 내뱉는다고 하셨잖아요. 인공호흡할 때 쓰러진 사람에게 이산화탄소를 내뱉으면 더 빨리 죽는 것 아닌가요?", "선생님! 흰색은 빛을 모두 반사하고, 검은색은 빛은 모두 흡수하기 때문에 검은색은 햇빛 아래서 훨씬 뜨거워진다고 하셨잖아요. 그럼 더운 아프리카에 사는 흑인들의 피부색이 검은 이유는 뭔가요?", "선생님! 물에 소금을 녹이면 소금이 작게 쪼개져서 물 입자 사이사이에 끼어들어 가는 것이라고 하셨잖아요. 소금을 가득 녹인 물에 어떻게 설탕이 또 녹아 들어가요?" 이런 질문은 끝내 학창 시절에 하지 못했습니다. 그래서 저는 제가 가르치는 아이들에게는 마음껏 질문하게 하고 싶었습니다. 수업 시간 내에 질문하는 것은 당연하고, 성향상 대놓고 묻지 못하는 학생마저도 마음껏 질문할 수 있는 방식으로 택한 것이 질문 노트 작성입니다. 그래서 평가에까지 반영하면서라도 억지로 질문하게 만드는, 보이지 않고 아프지 않은 몽둥이를 휘두르고 있던 셈이지요. 교사로서 질문할 수 있는 학생을 만드는 것은 너무 중요하다고 생각합니다. 질문한다는 것은 수업에 잘 참여하고 있음은 물론, 뇌가 제대로 가동되고 있음을 의미하는 증거라고 보기 때문이죠. 심지어 학생의 학습을 평가하기에 질문 노트가 정기 고사로 치르는 지필 평가보다 훨씬 더 유용할 정도라고 생각합니다. 아무래도 정기 고사는 주로 암기력이 중요하게 작용하는 평가 방식이니까요.

　이 책은 제가 수업 준비를 하며 스스로 궁금했던 질문과 실제 학생이 질문 노트에 썼던 것 중에 흥미로웠던 질문에 대하여 고민하고 설명했던 것을 읽을거리로 보충하여 구성하였습니다. 이 책을 읽을 분들도 충분히 궁금해할 만한 것이리라 생각하며 질문을 선택했습니다. 지금처럼 너무 정보가 많아 탈인 세상에서 질문만 있다면 해답을 구하는 건 그리 어렵지 않았습니다. 고민하고 찾아보고, 꼬리 질문을 떠올리며 다시 찾아보고 정보를 연결할 노력만 있으면 되죠. 물론 어떤 질문은 몇 날 며칠을 자장가 삼아 잠자리에서 고민하게 했지만, 그런 건 어려움이 아니라 즐거움에 가까웠습니다. 다만, 학창 시절에 남들은 다 아는데 나만 모르는 것이라, 질문하면 바보 취급받는 것은 아닌지 걱정했던 것처럼 이 책의 질문도 그런 것이 아닐지 모르겠다는 불안이 남습니다. 그러나 학생들에게 자신이 모르면 다 모르는 것이니 거침없이 질문하라고 말했던 것처럼 저 자신도 용기를 내어 질문하고 답해 보았습니다. 칭찬과 격려로 글쓰기에 용기를 준 가족과 지인에게 감사합니다. 그리고 저를 거쳐 간 많은 학생, 특히 좋은 질문으로 저를 일깨워 준 학생들에게 감사한 마음을 전할 수 있다면 좋겠습니다.

평생 중등교사로 학생을 가르쳤으니 중학생, 고등학생에게 수업하듯, 대화하듯 글을 썼습니다. 그렇다고 마냥 쉬운 얘기는 아닐 것 같습니다. 처음 교단에 섰던 2000년, 중학교 교과서를 보았을 때의 느낌이 '아~ 이런 걸 중학교 때 다 배웠구나.'였듯이, 제법 어렵고 많은 내용이 중학교 교과서에도 실려 있거든요. 반대로 이야기가 어려워지는 것도 경계해야 했습니다. 아이들의 질문에는 짧게 답을 했지만, 이렇게 글을 쓰기 위하여 이리저리 사료를 찾는 과정에서 자꾸 얘기가 길고 깊어지려는 경향이 생겼기 때문입니다. 이 글은 교과서를 통해서 쉽게 가르치고 배웠지만, 미처 생각지 못한 질문과 그에 대한 고민, 해결을 다루는 것으로 한정 짓고 싶었습니다. 또한, 제가 연구하여 얻은 지식도 아닌데 다 아는 것처럼 깊이 설명하는 것은 왠지 과학자들에 대한 도의에도 어긋나게 느껴졌습니다.

　본인이 아닌, 누군가 대신한 질문과 고민이 무슨 큰 의미가 있겠습니까만, 이 글을 통해 "이걸 왜 궁금해하지 않았지?"라는 생각이 들기를 바라는 마음을 가지고 첫 질문으로 들어가겠습니다.

목 차

① 알록달록 나뭇잎

? "식물 잎은 왜 거의 다 초록색인가요?"

"식물 잎 색깔이 다양한 색이면 안 되나요?
초록색이 아니면 광합성 하는 데 문제가 있나요?"

> **기본 지식**
>
> 식물 잎 속의 엽록체는 광합성을 담당하는 세포 소기관으로, 빛에너지를 화학 에너지로 전환한다. 엽록체 속에 들어 있는 녹색 색소인 엽록소는 주로 적색광과 청색광을 흡수하고, 녹색광은 반사하여 식물이 녹색으로 보이게 한다. 가을이 되어 엽록소가 파괴되기 시작하면 소량으로 있던 카로티노이드(노란색)와 안토시아닌(붉은색) 등 다른 색소가 드러나면서 단풍이 들게 된다.

사실, 식물 잎의 태반이 왜 초록색이냐는 질문을 학생들에게서 받아 본 적은 없습니다. 오히려 똘똘한 아이들을 모아 수업할 일이 있을 때 제가 물어보는 질문이지요. 대부분 학창 시절엔 맹목적으로 공부하는 경우가 많습니다. 저도 학창 시절, 암기력과 약간의 이해력을 동원한 공부만 했던 것 같습니다. 교사가 되어 수업을 준비하면서 자신에게 물어본 질문 중 긴 시간을 고민하게 했던 것이 있습니다. '왜 식물 잎은 거의 다 초록색이지?', '식물들이 종류에 따라 이런 색, 저런 색으로 알록달록하면 세상이 재미있게 보일 텐데⋯ 너무 혼란스러운가?'. 정보의 바다라는 인터넷에서도 시원한 대답을 찾을 수 없었기에 꽤 오랫동안 고민하여 그럴싸한 결론을 내렸습니다.

'식물 잎은 왜 초록색일까?'라고 학생들에게 물으면 "잎 속에 들어 있는 엽록체가 초록색이잖아요.", "엽록체 속에 엽록소가 초록색 색소잖아요."라고 대답합니다. 거의 엽록체, 엽록소 얘기뿐이죠. 인터넷에서도 마찬가지입니다. 그런데 제가 궁금했던 '식물 잎이 왜 초록색이냐'는 질문은 그렇게 단순한 질문이 아닙니다. 질문을 '왜 식물은 잎의 색깔을 초록색으로 선택했을까?'로 바꿔서 물어보면 좋겠습니다. 그리고 해답을 같이 고민해 봤으면 좋겠네요. 물론 저는 오랫동안 고민했지만요.

'왜 식물은 잎의 색깔을 초록색으로 선택했을까?' 왜 파랑 잎은 안 되고, 분홍 잎은 안 되냐는 말입니다. "사람들이 초록색을 보면 눈이 편안한데요.", "가을철에 단풍은 색깔이 초록색 아닌데요?" 이렇게 얘기하는 학생도 있지만, 질문이 원하는 방향과는 한참 멉니다. 아프리카인의 피부색이 검은 이유가 있듯, 식물 잎이 초록색인 것도 이유가 있을 것입니다. 다윈의 진화론과 살짝 연관 지어 생각해 보면, 결국 초록색 잎의 식물이 생존에 유리하여 선택되었고 여러 식물종으로 분화한 것이라고 볼 수 있죠. 다시 말해, 아프리카인의 검은 피부색이 아프리카에서 생존에 유리하듯, 초록색 잎을 가진 식물이 생존에 유리하여 번성했다고 짐작할 수 있다는 겁니다. 그렇다면 초록색 잎이 생존에 유리한 이유가 무엇이겠냐는 것이 질문의 핵심이 되겠죠.

저위도 지역 아마존 열대 우림의 식물 잎도, 고위도 지역 시베리아 침엽수림의 식물 잎도 기후에 상관없이 거의 초록색입니다. 아주 드물게 보라색, 노란색, 빨간색 등의 잎을 가진 식물이 있긴 하지만 장소를 불문하고 초록색 잎이 극도로 우세한 세력입니다. 누가 일부러 화단에서 알록달록한 식물 생태계를 만들지 않았다면 말이죠.

콜레오스   자소엽   황금사철나무

그럼, 아주 옛날 식물의 잎도 초록색이었을까요? 공룡이 살던 시절처럼 오래전에 식물은 화석으로밖에 확인할 수 없는데 화석에서는 색깔을 확인할 수 없죠. 다행히 식물 중에 살아 있는 화석이라고 불리는 식물이 있습니다. 공룡이 번성한 중생대보다도 오래된 고생대 때부터 번성하였으며 형태상 지금과도 크게 차이 없는 식물, 바로 은행나무가 주인공입니다. 물론 나뭇잎의 형태가 같다고 색깔까지 같다고 확신할 수는 없지만, 가능성은 매우 크지 않을까요? 화석을 보면 지금 은행나

무잎과 도긴개긴입니다. 따라서 시간에도 상관없이 예나 지금이나 식물 잎은 초록색이었다고 봐도 무리가 없겠지요.

은행나무잎 화석-출처 Wikimedia Commons(By Kevmin)

　시간과 장소에 상관없이 왜 식물의 잎이 초록색인 것이 생존에 유리할까요? 문제 해결을 위해 일단 잎의 역할을 알아야겠습니다. 식물에서 잎의 역할을 크게 3가지로 요약할 수 있죠. 산소, 이산화탄소를 흡수·방출하는 호흡작용, 수증기를 내보내는 증산작용, 영양분을 생성하는 광합성작용입니다. 아무래도 잎이 초록색인 것과 호흡작용이나 증산작용을 연관 짓기는 역할 면에서 어렵습니다. 포도당을 합성하기 위해 빛을 이용하는 광합성작용이 잎을 초록색이게 만든 유력한 용의자가 아닐까 싶네요. 이제 광합성작용에만 초점을 맞추어 해답을 찾아보도록 하지요.

잎이 초록색으로 보이는 직접적인 이유는 잎의 엽록체 속 엽록소, 그중에도 가장 많은 엽록소a가 빨간색과 파란색만 흡수하여 광합성에 이용하고 초록색은 대부분 반사해 버리기 때문입니다. 그렇게 반사된 초록색

식물공장에서 자라는 쌈 채소들

빛이 우리 눈으로 들어와서 우리는 잎을 초록색으로 인지하는 것이죠. 그래서 식물을 실내에서 키우는 식물공장에서 햇빛 대신 LED 조명을 켤 때 빨간색, 파란색 LED를, 또는 보라색 LED를 주로 배치합니다. 초록색 LED는 어차피 광합성에 이용하지 않고 튕겨낼 것이라면 애당초 돈을 들여 설치할 필요도 없는 것이죠. 실제로도 식물은 660nm 파장대의 적색과 450nm 파장대의 청색에서 가장 잘 자란다고 연구되어 있습니다. 드문드문 있는 초록색 또는 흰색 조명은 광합성 때문에 있는 것이 아닙니다. 빨간색, 파란색 조명만 있으면 엽록소가 줄어들어 잎의 초록색이 줄어들고 상품성이 떨어지기 때문입니다.

이쯤 되면 제가 학창 시절, 왜 식물이 광합성에 초록색을 사용하지 않는지 궁금해하지 않았던 것을 자책하게 될 정도입니다. 왜 식물은 초록색을 튕겨 내어 광합성에 이용하지 않을까요? 처음에는 가시광선 바깥 영역인 자외선, 적외선에서 해답을 찾을까도 생각해 보았습니다. 빨간색이나 보라색 쪽을 튕겨 낸다면 혹시 자외선 또는 적외선을 광합성에 이용하지 않기 위해서 좀 더 넓은 범위로 빨간색 또는 보라색도

질문 더하기 과학 수업

팅겨 내고 있다고 설명할 수 있겠지요. 그런데 햇빛을 빨주노초파남보 무지개 색깔로 나누어 볼 수 있는 분광기로 보면 초록색은 딱 중간 영역에 있습니다. 초록색은 가시광선의 중간 영역이니 자외선, 적외선을 끌어다 설명할 수도 없습니다.

광합성을 하는 식물 입장에서 많은 양분을 만들어 빨리 성장하고 번식하려면 최대한 많은 빛을 받아들여야 하겠지요. 햇빛 욕심쟁이 식물이 모든 색깔의 빛을 흡수하면 식물 잎은 무슨 색으로 보일까요? 모든 색깔의 빛을 반사하면 흰색으로 보이고, 모든 색깔의 빛을 흡수하면 아무것도 보이지 않아 검은색으로 보인다는 것은 초등학생도 알고 있는 사실입니다. 식물 잎이 검은색일 때 최대한 많은 햇빛을 흡수할 수 있는 것입니다. 검은색 잎을 본 적이 있나요? 아주 드물게 빨간 잎, 노란 잎, 보라색 잎, 하얀 잎도 본 것 같은데 검은색 잎은 어디서도 본 적이 없는 것 같습니다.

어! 식물의 잎이 검정이면 안 될 것 같다는 생각이 바로 듭니다. 최대한 햇빛을 많이 보기 위해 높이 자라기, 지그재그로 잎이 나기, 줄기에 층을 만들어 거리 두고 잎 나기 등 여러 작전을 통해 최대한 햇빛을 보려고 안달이 난 잎들이긴 하지만 검정 잎은 한계선을 넘을 것 같습니다. 검은색 자동차 보닛은 여름철에 달걀을 짧은 시간에 익혀 버릴 정도로 뜨거워지죠. 아무리 빛이 좋고 필요해도 검은색의 잎은 식물의 생존을 위협할 것이 분명합니다.

왠지 식물의 잎이 검은색이 아닌 이유가 초록색인 이유와 맞닿아 있다는 생각이 스치고 지나갑니다. 식물 입장에서 광합성보다 더 중요한 것은 일단 살아남는 것이죠. 잎이 뜨거워 타 버리고 나면 광합성이고 뭐고 없습니다. 그래서 잎은 햇빛에 타 버리지 않기 위해서 증산작용을 통해 수증기를 배출합니다. 잎 속의 물이 수증기로 상태변화를 하면서 열을 가지고 도망가기 때문에 잎 온도를 낮출 수 있죠. 식물에게 물은 생명입니다. 그 어렵게 빨아올린 생명 같은 물을 잎을 통해 버리는 것은 잎 온도를 낮추기 위한 이유가 가장 큽니다. 광합성을 하기 위해서는 햇빛을 봐야 하지만 온도가 너무 올라가면 안 되는 것입니다. 증산작용은 동물이 체온을 낮추기 위해 땀을 흘리는 것처럼 잎에서 수증기를 증발시킴으로써 잎 온도를 조절하고 있는 것이죠. 광합성이 활발하게 일어날수록 증산작용도 활발하게 일어납니다. 그래서 사막의 선인장은 낮에는 광합성을 포기합니다. 광합성을 하려다가 사막에서 흔하디흔한 햇빛을 얻을지 몰라도 귀한 물을 모조리 잃어버릴 테니까요. 증산작용은 광합성작용의 든든한 버팀목인 셈이죠. 하지만 검은색 잎은 증산작용으로 감당할 수 없을 만큼의 햇빛을 흡수할 것입니다.

그렇다면 어떤 색을 광합성에 이용하지 않고 튕겨 내면 좋을까요? 비록 햇빛을 흡수해야 하는 광합성 형님은 화를 낼지도 모르지만, 햇빛이 쨍쨍 비치는 상태에서 살아남으려면 가장 강도가 센 색깔의 빛을 튕겨 버리는 것이 안전한 생존에 유리할 것입니다. 아래의 태양 복사에너지 그래프는 튕겨 내야 할 색깔이 무엇인지 알려 줍니다. 그래프의 X축이 파장이고 Y축이 단위면적당 Power입니다. 쉽게 얘기하면

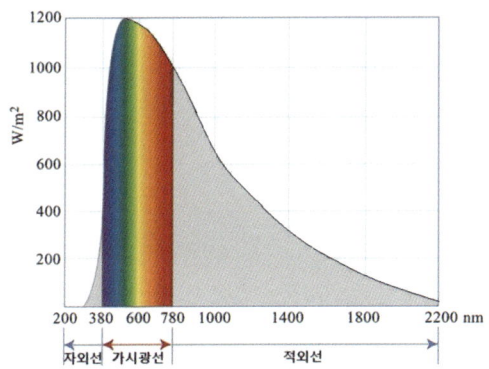

X축은 색깔이고 Y축은 에너지의 세기라고 보면 되겠습니다. 가시광선 영역 중에서 가장 에너지 강도가 센 것은 500~570nm대의 빛이라는 것을 알 수 있습니다. 대체로 초록색 영역이죠. 만약 식물이 '가장 풍부한 빛 = 가장 많은 광합성 에너지'라는 단순한 논리만을 따랐다면, 초록색까지 모두 흡수하는 검은색 잎이 가장 고효율이었을 것입니다. 물론 생존할 수 있을 때의 얘기죠.

　잎 온도가 너무 높아지지 않도록 딱 한 색깔을 튕겨 내야 한다면 초록색이 제격입니다. 초록색의 에너지 세기는 광합성을 위해서 가장 풍부한 에너지를 제공할 수 있었겠지만, 강한 햇빛으로부터 도피할 수 없는 식물에는 생존을 위협하는 색깔이기도 한 것이죠. 식물이 번성했던 고생대는 지금보다도 지구의 온도가 더 높았다고 하니 강렬한 햇빛은 지금보다도 더 생존을 위협했을 것입니다. 무조건 제일 강한 색의 빛을 반사해야 잎이 타는 것을 막을 수 있죠. 그렇게 수억 년을 진화해

온 것이 현재의 식물입니다.

'초록색은 식물의 생존을 위협하는 색깔이다.'라는 결론에 도달하기까지 착각의 연속이었습니다. 잎이 초록색인 것은 마치 식물이 초록색을 좋아해서인 것처럼 착각했고, 햇빛은 식물에게 무조건 좋을 것이고 착각했으며, 잎은 무조건 햇빛을 받으려고 안달일 것이라고 착각했습니다. 식물은 초록색을 좋아하는 것이 아니라 초록색을 튕겨 내 버렸던 것이고, 햇빛은 성장과 번식을 위해 너무 중요하지만 당장 식물을 죽일 수 있으며, 그런 햇빛으로부터 동물처럼 이동하여 도망갈 수 없는 식물은 일부 색깔의 햇빛을 버리는 방식으로 아슬아슬한 생명선에 올라타 있다는 것입니다.

그러고 보니 사진처럼 나무의 아래쪽 잎이나 나무 안쪽의 잎이 초록색 중에서도 더 짙은 색인 것이 눈에 들어왔습니다. 나무 안쪽의 잎은 바깥쪽 잎보다 햇빛을 덜 받으니 온도가 덜 올라갈 것이고 조금 더 빛을 흡수해도 될 것이기 때문에 검은색에 가까워진다고 생각하면 무리일까요? 그냥 그늘져서 어두워 보이는 건가요? 또, 단독주택의 옥상 방수를 위하여 페인트를 칠할 때, 대부분 초록색으로 칠하는 것도 식물처럼 햇빛에 의해 옥상 온도가 덜 올라가도록 하려는 것으로 생각됩니다. 흰색은 오염이 잘되기도 하고 햇빛을 너무 많이 반사하니, 겨울에 열 손해가 크겠죠.

따라서 초록색이 이상적일 수
있겠다 싶습니다. 우리나라에
서 주택의 옥상을 칠하는 방수
제는 초록색과 회색만 나온다
고 합니다. 산업적으로 다른 이
유가 있다고는 하지만 초록색은 햇빛을 덜 받기 위함이고 회색은 햇빛
을 더 받기 위함이라고 보면 두 색깔이 제격입니다. 겨울이 긴 북부 지
방 사람의 주택 옥상은 회색으로 칠하면 되겠고, 여름이 긴 남부 지방
사람의 주택 옥상은 초록색으로 칠하면 되겠죠. 옥상을 초록색이나 회
색으로만 칠하는 것이, 에너지가 귀하고 단열이 잘 안되는 주택을 살
던 시절에 조금이라도 에너지를 절약하려는 이유였겠지요. 하지만 고
성능 단열재가 나오고 있는 요즘은 파란색, 보라색, 주황색 등 다양한
색깔의 지붕 방수제가 나와도 되지 않을까 싶습니다.

② 평범함의 가치

❓ "질소는 하는 일이 뭐예요?"

"인간에게 중요한 산소가 질소보다 더 많았으면 좋을 것 같아요."

> **기본 지식**
>
> 지구의 대기는 질소(N_2) 약 78%, 산소(O_2) 약 21%, 아르곤(Ar) 약 0.9%, 이산화탄소(CO_2) 약 0.04%, 수증기(H_2O) 약 0~4%, 기타 미량의 네온, 헬륨, 제논, 크립톤, 오존 등이 0.01% 이하로 존재한다.

  '대기 중에 질소가 쓸데없이 너무 많네? 그럴 리가 없는데….' 대기권에 대한 수업을 준비하다 스치듯 지나간 의문입니다. 물론 이런 질문을 수업 시간에 받았으면 너무 행복할 일이겠죠. 그날 수업은 교육자로서 최고의 시간을 보낼 수도 있겠습니다. 실제 수업에 들어가서 질소의 역할을 학생들에게 물어봅니다. 대답하는 학생의 99%는 과자 봉지에 집어넣는다고 대답하지요. 그러면 왜 과자 봉지에 질소를 집어넣는지 물어보면, …. 질소의 역할이 딱히 떠오르지 않는 것이겠죠. 어찌 보면 대답 못 하는 것이 이해됩니다. 질소는 확실히 변화를 싫어하고 특색이 없어 보인다고 할 수 있겠습니다. 갑자기 질소가 저랑 비슷하게 느껴집니다.

저는 특별한 끼가 없어 지극히 평범한 학창 시절을 보냈습니다. 평범하게 생활한 것도 있지만, 기억력도 별로 좋지 않아 학창 시절에 기억나는 것도 많지 않습니다. 기억력이 좋지 않으니 많은 영화를 봄에도 불구하고, 오랜 기억으로 각인되는 장면도 별로 없습니다. 그런데 이상하게도 어린 시절 유행했던 서부 영화 중에서 유독 기억나는 장면과 대사가 있습니다. 지금 보면 정말 지체 장애가 있나 싶을 정도로 거들먹거리며 걷는 율 브린너가 주인공인 〈황야의 7인[1]〉이라는 유명한 영화의 한 장면입니다. 율 브린너 말고도 스티브 맥퀸, 찰스 브론슨 등 한 시대를 풍미했던 미국 남자 배우들이 출연하여 겉멋 잔뜩 버무림을 시전한 영화죠. 그런 겉멋 버무림 바통을 그대로 홍콩 영화가 이어받아 주윤발, 장국영, 유덕화 등의 배우가 저의 어린 시절을 채워 주었습니다.

어린 시절 보았던 대부분의 서부 영화가 기본 스토리는 비슷합니다. 총을 기막히게 잘 쏘는 주인공, 억울하게 핍박받는 농민 또는 마을 사람, 악랄한 지주 또는 갱단 두목이 핵심 등장인물이죠. 결론도 뻔합니다. 주인공을 피해서 날아가는 수많은 총알 사이로 갱단 수십 명을 권총으로 정확하게 맞춰 응징하고 핍박받는 사람들에게서 영웅이 된다.

....
1) 덴젤 워싱턴, 이병헌 등이 출연한 〈매그니피센트 7〉(2016년)이 바로 〈황야의 7인〉(1960년)의 리메이크작임.

하지만 주인공은 시크하게 석양처럼 사라지죠.

역시나 이런 뻔한 스토리를 가진 〈황야의 7인〉이지만 이상하게도 다음 장면이 잊히지 않습니다. 핍박받는 농민의 어린 아들이 황야의 7인 중 한 명인 찰스 브론슨에게 '농부인 아버지가 싫다. 약하고 당하기만 하는 아버지가 싫다.'라고 외쳤고, 찰스 브론슨는 그런 아이에게 '난 총밖에 쏠 줄 모르고 실제 살아가는 것은 아버지 같은 농부 때문이다. 아버지는 약하지 않다.'는 식으로 얘기하는 장면이 있었죠. 그리고 실제로 영화의 막바지에 주인공들이 위험에 몰렸을 때 그 아이의 아버지와 동료들이 우르르 몰려나와서 구해 줍니다. 질소에 관해 이야기하다가 갑자기 웬 서부 영화 이야기냐고요? 왜 저는 질소에 대해 생각하다가 〈황야의 7인〉의 저 장면이 떠올랐을까요?

대기 중에 있는 78% 질소는 딱히 생각나는 역할이 없습니다. 생물의 호흡에서도 몸에 들어왔다가 그대로 나가 버립니다. 정말로 역할이 없을까요? 그렇다면 질소가 대기의 대부분을 차지하고 있는 것이 너무

질문 더하기 과학 수업

이상합니다. 이렇게 생각해 보면 어떨까요? 만약 지금 대기처럼 78% 의 질소와 21%의 산소가 아니고, 대기 중에 78%가 산소이고 21%가 질 소라면 어떤 일이 벌어질까요?

산소의 특성은 다들 잘 알고 있을 것입니다. 다른 물질과 반응하길 좋아하고 그 반응에서 많은 열도 발생합니다. 실제로 지구에 있는 물 질 대부분이 산소랑 반응하여 존재하죠. 이산화탄소(CO_2), 산화철 (Fe_2O_3), 산화알루미늄(Al_2O_3), 산화규소(SiO_2) 등 각종 산화물뿐만 아 니라 수소와 함께 수산화물[2]을 만들기도 하니 도대체 산소의 오지랖 은 어디까지일까 싶습니다. 그런데 그 오지랖이 문제입니다. 다른 물 질과 반응할 때 조용히 소리소문 없이 반응하는 것이 아니라 열을 발 생시키죠. 탄소(C) 1mol[3](탄소 1mol은 질량으로 12g)이 산소랑 반응 하여 이산화탄소가 만들어질 때 약 395kJ의 열이 발생하는데 칼로리 로 따지면 100kcal가 조금 못 되는 열량입니다. 우리가 살기 위해 하루 필요한 열량이 2,000kcal라고 봤을 때, 복잡한 생물학적 고민 없이 단 순 계산으로 탄소 240g(12g:100kcal = 240g:2,000kcal)과 산소를 반응 시키면 얻을 수 있는 열량이죠. 탄소 240g이면 큰 숯 한 덩이 정도 될 까요? 엄청난 열입니다. 여기저기 널려 있는 탄소랑 산소가 반응하여 열을 낸다면 이 지구는 어떻게 될까요? 아마 불구덩이 지옥을 상상하 면 될 것 같습니다. 산불이 한 번 났다 하면 장대비가 내리지 않는 한,

....

2) 수산화 이온(OH⁻)과 양이온이 결합한 물질임.
3) 몰질량의 단위. 1mol은 어떤 입자가 아보가드로 수 6.02×10^{23}개가 있음을 나타냄.

대한민국을 다 태워 버릴지도 모릅니다. 더구나 산소랑 반응하려고 대기 중인 녀석은 탄소뿐이 아니죠.

한 가지 더, 산소 하면 떠오르는 이미지가 생명과의 관련성입니다. 산소를 마셔야만 살아가는 동물로서 산소와 생명이 동일시되는 것은 자연스러운 생각이겠죠. 몇 분만 산소가 공급되지 않으면 세포가 죽기 시작합니다. 하지만 모든 것이 그렇듯 과유불급, 과하면 부족함만 못하죠. 가만히 앉아서 심호흡해 보겠습니다. 심호흡 열 번이 끝나기도 전에 머리가 어지럽고 토악질이 나올 것 같습니다. 할 수도 없겠지만 그대로 계속 심호흡을 한다면 이 세상과는 등을 져야 할지도 모릅니다. 많은 양의 산소를 발생시켜 살균에 이용되는 산소 살균 발포클리너가 팔리고 있으며, 활성산소가 몸속에 쌓여 건강을 위협하고 노화를 촉진시킨다고 알려진 것처럼 과도한 산소는 생명을 위협합니다. 그러니 아마도 동물들이 지금보다 훨씬 짧은 수명을 갖게 되지 않을까요? 하긴 그 문제는 느리게 숨 쉬면 해결되겠네요. 과학자들은 대기 중 산소의 농도가 올라가면 세포 곳곳에 산소를 공급하기 쉬워지므로 동물의 몸집이 커진다고 합니다. 실제로 공룡시대로 알려진 중생대보다 더 오래전 고생대 석탄기에는 대기 중 산소의 농도가 35%나 되었고 지금보다 열 배 정도 큰 잠자리가 날아다녔다고 하죠.

산소가 많은 대기 속에 살고 싶지 않다는 생각이 듭니다. 산소의 오지랖을 감당할 수 없을 것 같거든요. 이제 질소로 눈을 돌려 보겠습니다. 질소의 일반적인 특성은 산소와 반대라고 보면 됩니다. 질소는 공기 중에 질소 원자 두 개가 붙어 질소 분
자 N₂로 돌아다닙니다. 그런데 둘이 그냥
살짝 붙어 있는 것이 아니라 아주 꽉 붙어
있습니다. 전문용어로 삼중결합하고 있
습니다. 이중 잠금보다 삼중 잠금이 더 확실한 것처럼 질소 원자가 가
지고 있는 전자를 이용하여 삼중으로 결합한 채 공기 중을 돌아다니고
있죠. 웬만해서는 그 둘을 갈라놓을 수 없습니다.

　질소 원자가 쌍쌍바처럼 붙어 다니는 질소 분자는 사회성이 제로입
니다. 자기들 둘이서만 놀고 다른 녀석들과는 어울릴 생각이 없습니
다. 그런데 이 사회성 제로인 질소가 아주 많습니다. 대기 중 78%죠.
산소가 다른 녀석들과 붙어 노는 것을 끊임없이 방해합니다. 그렇다고
산소랑 놀아 주지도 않죠. 그냥 질소 원자 둘이 딱 붙어서 산소랑 다른
녀석들이 만나는 걸 방해만 합니다. 엎친 데 덮친 격으로 질소 분자는
산소 분자와 무게가 아주 비슷합니다. 그러니 공기 중에 존재할 때 따
로 놀지 않고 서로 마구 섞일 수밖에 없습니다. 산소 입장에서 보면 진
짜 얄미운 녀석이죠. 사람으로 본다면 놀아 주지도 않으면서 남과 노
는 것을 방해하는 인격파탄자인 셈입니다. 하지만 아이러니하게도 질
소 분자의 못된 성격 때문에 지독하게 오지랖 넓은 산소가 여기저기
날뛰지 못하게 되는 것이라고 본다면, 질소가 다르게 보일 겁니다. 질
소 덕분에 지구 생명체들은 조용한 세상, 평화로운 물질세계에서 살
수 있으니까요.

〈황야의 7인〉 얘기로 돌아가 보겠습니다. 허구한 날 총잡이 주인공과 악당들이 붙어 싸우는 세상이 조용할 날이 있겠습니까? 아무리 멋진 율 브린너, 스티브 맥퀸이라도 너무 혼란스러워 몰아내고 싶을 것이 당연합니다. 조용하게 살 수 있는 마을을 위해서라면 그냥 보안관 1명으로 충분하고 나머지 사람은 평범하고 조용한 사람들이어야 합니다. 전 질소의 평범함에서 찰스 브론슨의 '난 총밖에 쏠 줄 모르고 실제 살아가는 것은 아버지 같은 농부 때문이다.'라고 얘기하는 장면이 떠올랐던 것입니다. 서부 영화 속의 많은 평범한 마을 사람들이 바로 질소의 역할을 하고 있던 셈이죠. 묵묵히 마을을 유지하는 평범한 사람들처럼 질소도 묵묵히 세상을 안정되게 유지하고 있었습니다. 평화로운 세상을 만드는 역할, 이쯤 되면 산소 못지않게 엄청나게 큰 역할 아닌가요?

이야기를 마무리하기 전에 질소에 관한 이야기를 한 가지 더 알아보겠습니다. 대기 중에 질소는 원자 둘이서 삼중결합으로 꼭 붙어 다닌다고 했는데, 떨어뜨릴 수도 있습니다. 지금의 과학 기술로 그까짓 질소 결합 하나 못 끊어 내겠습니까? 어찌해서 질소 분자가 원자 두 개로 갈라지면 이제까지 알던 질소가 아닙니다. 질소 원자 둘이 같이 있을 땐 다른 원자들은 거들떠보지도 않던 시크한 질소가 떨어뜨려 놓으면 안절부절 혼자 있지를 못합니다. 당장 주변에 누군가와 들러붙어야 하죠. 누가 주변에 많죠? 질소 분자도 많지만, 질소 분자는 이미 짝지어져 있습니다. 자기만 외톨이죠. 꿩 대신 닭, 바로 21%의 산소가 있습니다. 산소와 짝을 지어 산화질소(NO)나 이산화질소(NO_2)가 됩니다. 어디서 많이 듣던 물질 아닌가요? 산화질소는 곧잘 이산화질소가 되고, 이 이산화질소는 물에 잘 녹습니다. 이산화질소가 물에 녹아 만들어지는 물질이 질산이고, 바로 산성비의 주범이죠.

일단 산화질소, 이산화질소가 만들어지려면 질소 분자를 깰 만큼의 높은 온도가 필요한데 자동차 엔진 속은 잠깐만에 2,000℃는 우습게 올라갑니다. 산소랑 같이 엔진 속으로 들어온 질소 분자가 깨어지기에 안성맞춤이죠. 연료(탄소화합물)와 제대로 결합($C+O_2 \rightarrow CO_2$)하지 못한 산소는, 불안해서 안절부절못하는 질소 원자의 짝꿍이 됩니다. 그렇게 만들어진 질소산화물이 배출되어 산성비가 되고요.

자연 상태에서도 질소 분자가 질소 원자 2개로 떨어질 때가 있습니다. 자연 상태에서 막대한 에너지가 집중되어 질소 분자마저 깨질 경우가 어떤 것이 있을까요? 바로 번개입니다. 번개는 주변 공기를 순간적으로 10,000℃ 이상 올려 버립니다. 질소 분자도 버틸 수 없이 깨어지고 옆에 있던 산소 원자, 산소 분자와 날름 결합하여 산화질소, 이산화질소가 되죠. 그리고 땅에 흡수되어 질소비료(요소)의 역할을 한다네요. 그래서 번개가 많이 치는 해는 농사가 잘된다는 소문이…. 아무튼, 농사에 도움이 되는 것은 차치하고라도 묵묵히 세상을 안정시키는 질소의 평범함에 깊이 감사할 따름입니다.

아울러 모든 조직의 리더들께 평범함에 관심을 가져 달라고 부탁하고 싶습니다. 교사를 하면서 이느 순간부터 똑똑한 학생은 똑똑해서 관심받고 말썽꾸러기는 말썽 부려 관심
받는데, 다수의 평범한 학생들에겐 무관
심하기 쉽겠다고 생각했거든요. 질소 기
체 같은 그 학생들 때문에 학급이 안정되
어 있는데도 말이죠. 사회도 마찬가지고, 회사도 마찬가지인 것 같습
니다. 그리고 앞에서 언급한 것처럼 질소 분자가 깨어졌을 때, 즉 평범
함에 깨어졌을 때의 혼란과 위험도 예상할 수 있었으면 좋겠습니다.
'평범함은 잘 눈에 띄지 않는다. 하지만 중요하다.'

　　　　　　　　　　　　　　　　질문 더하기 과학 수업

3 천지개벽보다 심한 변화

❓ "화학변화가 뭔가요?"

"물리변화, 화학변화 이걸 왜 구별해야 해요?"

> **기본 지식**
>
> 물질의 모양, 크기 등의 겉모습만 달라지고 그 물질이 가진 고유한 성질은 유지되는 변화를 물리변화라 하고, 다른 성질의 새로운 물질로 바뀌는 변화를 화학변화라고 한다. 화학변화가 일어날 때는 물질을 이루는 원자의 배열에 변화가 생겨서 새로운 물질이 만들어진다.

언젠가 TV에서 일상생활 속에서 만날 수 있는 과학을 재미있는 예능프로그램처럼 제작 방송했던 적이 있었습니다. 꽤 시청률이 높아서 많은 학생이 봤다고 얘기할 정도였지요. 시청자의 제보를 통해 신기한 과학 정보를 '실험맨'이라는 사람들이 나와 재연해 보는 신선한 방식의 프로그램이었습니다. 과학 교사로서는 그런 프로그램이 사라진 것이 정말 안타깝습니다. 제일 기억이 남은 장면 중 하나는 여러 명의 실험맨이 나와서 보온병 속의 물을 흔들어 온도를 올리는 것이었습니다. '물이 든 보온병을 6시간 동안 흔들면 물의 온도를 높일 수 있다.'를 확인하는 실험이었는데 어떤 프로그램에서 그런 것을 확인하려고 하겠습니까. 많은 수의 실험맨이 동원되어 체력이 다할 때까지 보온병을 흔들었더니 실제로 물에서 김이 올라올 정도까지 만드는 것이 인상적이었습니다. 이것 말고 과학 교사인 저에게 부끄러움까지 안겨 준 것도 있었는데 바로 머리카락으로 간장을 만드는 내용이었습니다. 그때 방송 내용을 보면서 일단 간장 만드는 법을 잘 몰랐다는 점, 머리카락으로 만든 간장에 불결함을 느꼈다는 점, 그리고 얼마 지나지 않아 염산으로 복숭아 껍질을 벗긴다는 방송을 보고 기사를 쓴 기자와 같이 불결함을 느꼈다는 점이 지금 생각하면 과학 교사로서 가질 생각이 아니었구나 싶습니다. 화학반응에 대해 너무 얕게 생각한 것을 반성하며, 이번엔 화학물질의 놀라운 변화에 대해 알아보겠습니다.

아주 위험한 물질로 인식된 염산은 생각보다 친밀한 물질입니다. 위장 안에서 매일 1L 이상[1] 분비되고 있다니까요. 신체에는 몸의 안팎이 연결된 구멍들이 여럿 있습니다. 그중 단연코 가장 큰 것은 입이죠. 우리는 식물이 아니니 어쩔 수 없이 입으로 음식을 먹어야 하는데 음식을 통해 무엇이 따라 들어올지 알 수 없습니다. 제대로 된 방어체계가 필요합니다. 그래서 위장 속에서는 강력한 염산으로 입을 통해 들어오

----

1) 위액은 하루 평균 1.5~2.5L에 달하며, 그중 염산의 비율은 전체 위액의 약 70~80%임. ― 화학대사전.

는 위험한 생명체, 세균을 거의 다 제거해 줍니다. 일부 위험한 식중독을 일으키는 유명한 세균들(살모넬라균, 비브리오균, O157대장균, 황색포도상구균 등)과 위염을 일으키는 헬리코박터균은 나름의 비책으로 염산 속에서도 살아남을 수 있기는 합니다. 그러나 염산이 없었다면 우리는 지금보다 훨씬 더 위생에 신경을 쓰며 살아야 할 것입니다. 수시로 손을 소독해야 할 것이고, 채소나 과일도 익혀 먹어야 할 것이며, 육회나 생선회도 병원 신세를 각오하고 먹어야 하겠지요. 외식을 나가서는 숟가락, 젓가락을 소독약으로 소독하고 먹어야 할 겁니다. 이런 번거로움 없이 편안하게 살아갈 수 있는 이유 중 하나는 입속으로 들어오는 모든 것이 금속도 녹이는 염산이라는 강력한 녀석을 만나기 때문입니다. 산은 지방과 단백질을 분해하는 능력이 있습니다. 단백질과 지질로 이루어진 세균의 세포막을 분해함으로써 세균이 죽는 것이죠.

염산은 산성 물질 중에서도 산도[2]가 매우 높습니다. 그만큼 단백질을 잘 분해한다는 말이겠지요. 황산, 질산과 함께 3대 강산입니다. 호랑이와 사자가 싸우면 누가 이기냐는 유치원생 질문식으로 황산, 질산, 염산 중 누가 더 위험하냐고 묻는다면 염산이 황산이나 질산에 비하여 상대적으로 조금 덜 위험할 수 있기는 합니다. 황산은 단백질을 분해하는 능력에다 탈수성(수분을 뺏는 성질)까지 추가되고, 질산은

....

[2] 산성의 세기를 나타내는 정도, 보통 수소이온농도를 pH로 나타내며 0~14까지 범위에서 측정된다. 수치가 낮을수록 산성이 세다는 의미임.

염산보다도 더 빠르게 화학반응을 일으키기 때문입니다. 그렇다고 해도 염산을 우습게 보는 사람은 많지 않을 것 같습니다. 심심치 않게 방송에서 염산 테러가 발생했다는 말과 함께 엄청난 상처와 후유증 대한 소문을 들은 적이 있을 테니 말이죠.

염산은 염화수소를 물에 녹인 액체를 일컫는 말입니다. 상온에서 기체인 염화수소는 물에 잘 녹기 때문에 물에 녹여 보관·사용하는 것이 편리하겠지요. 염화수소를 일정량 이상으로 물에 녹인 것이 진한 염산입니다. 30% 이상의 농도를 갖게 되며, 이걸 물에 섞어 10% 이하의 농도로 만들면 묽은 염산이 됩니다. 묽은 염산은 실험용, 식품 가공용으로 널리 이용되는 화학물질입니다.

스펀지 프로그램에서 나온 머리카락 간장 이야기를 다시 해 보죠. 머리카락은 손톱, 발톱처럼 주로 케라틴이라는 단백질로 구성되어 있습니다. 케라틴 단백질은 여러 아미노산으로 구성되어 있는데 그중, 글루탐산이라는 물질도 있습니다. 글루탐산이라는 이름은 왠지 낯익지 않나요? 식품에 원재료 함량 표시를 보면 너무도 흔하게 보이는 글루탐산 나트륨과 이름이 매우 흡사합니다. 글루탐산 나트륨의 다른 이름이 바로 MSG, 구수한 맛을 내는 아미노산인 글루탐산을 인공적으로 합성한 인공조미료의 이름이 글루탐산 나트륨입니다. 머리카락의 케라틴 단백질에도 구수한 맛을 낼 수 있는 글루탐산이 들어 있는 거죠. 산분해 간장을 만드는 주원료가 탈지 대두(기름을 짜고 남은 콩 찌

10% 염산과 수산화나트륨에서 24시간 후 지난 삼겹살

염산   수산화나트륨

꺼기)이고, 탈지 대두의 글루탐산 함량이 약 19% 정도[3]이니, 머리카락은 시중의 탈지 대두로 만든 간장 맛보다는 못해도 제법 간장다운 맛을 낼 수 있을 겁니다. 이제 구수한 맛을 낼 수 있는 물질이 있다는 걸 알았으니 꺼낼 차례입니다. 단백질을 여러 가지 아미노산으로 분해할 염산이 나설 차례죠. 단백질 덩어리를 고농도의 염산에 넣고 분해해서 아미노산액을 얻게 됩니다. 하지만 이대로 간장이 완성된 것은 아닙니다. 아무리 구수한 맛이 난다고 무시무시한 염산을 마시면 되겠습니까? 아직은 구수한 염산일 뿐입니다. 이제 학창 시절 배웠던 중화반응[4]을 써먹을 때가 되었습니다. 염산이 강한 산성 물질인 만큼 산성을 중화시킬 수 있는 강한 염기성 물질이 필요하죠. 바로 수산화나트륨,

....

3) 박동준 외(1996), 초미세분쇄/공기분급을 이용한 탈지대두박 분획물의 특성과 응용, 한국식품개발연구원.
4) 산성 물질과 염기성 물질이 반응하여 물을 만들며 중성 물질이 되는 화학변화임.

수산화칼륨, 탄산나트륨 등입니다.

　염기성 물질의 대장 격인 수산화나트륨은 일명 양잿물이라고 불리기도 합니다. 서양을 뜻하는 '양'과 지푸라기나 나무를 태워 얻은 재를 통해 얻은 '잿물'을 합쳐서 만들어진 말이죠. 조상들은 지푸라기나 나무를 태워 얻는 재를 물에 녹이고 찌꺼기를 거른 후 찌든 때를 세탁해 왔습니다. 이것은 식물 속에 많은 칼륨이 물에 녹아서 만들어진 탄산칼륨이라는 염기성 물질을 이용한 것입니다. 염기성 물질의 중요한 특성도 산성 물질처럼 지방과 단백질을 녹인다는 것이니 몸에서 떨어진 단백질 덩어리인 각질과 산성을 띠는 기름기 찌든 때를 빼기에 제격이죠. 하지만 잿물이 꺼뭇한 재를 이용한 물인 만큼 색깔이 그리 깨끗하지 않아서 빨래를 새하얗게 만들지는 못하겠지요. 그에 비해 서양인들이 가지고 들어온 하얀 가루는 잿물처럼 때를 빼면서 자체 색깔이 흰색이니 옷을 하얗게 만드는 데 더 도움이 되었던 것입니다. 그 하얀 가루가 바로 수산화나트륨 또는 가성소다라고 불리는 물질이죠. 수산화나트륨은 단백질을 분해하는 특성이 있는 염기성 물질의 최강자로서 살균제뿐만 아니라, 일명 양잿물을 먹고 자살을 기도하는 사람이 있을 정도로 위험한 물질입니다. 이제 이 수산화나트륨을 아미노산이 가득한 염산액 속에 넣으며 산성도 염기성도 아닌 상태로, 즉 중화시키면 먹을 수 있는 간장이 됩니다. 이렇게 만든 간장을 산분해 간장이라고 하죠. 중화반응의 대표적 사례입니다. 세상의 많은 일이 그렇지만 자세히 생각해 보면 천지개벽이라는 표현으로도 부족할 만한 변화 아닌가요? 먹으면 죽는 염산, 먹으면 죽는 수산화나트륨이지만, 둘을 잘 섞으면 안 먹으면 죽는 물질이 됩니다. 왜냐하면, 염산과 수산화나트륨이 만나서 만들어진 물질이 생명에 그토록 중요한 염화나트륨(소금)이기 때문입니다.

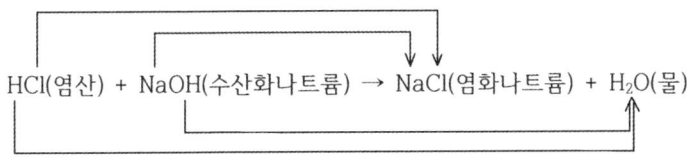

HCl(염산) + NaOH(수산화나트륨) → NaCl(염화나트륨) + H_2O(물)

뉴스에서는 이렇게 며칠 만에 뚝딱 만들어진 산분해 간장에 대하여 재료의 위험성만 가지고 상당히 몸에 좋지 않은 식품으로 얘기하곤 합니다. 그 위험한 염산, 수산화나트륨(또는 탄산나트륨)이 주재료니까 그렇게 쓸 수 있겠죠. 그런데 여기서 조금 부끄러운 사실은 저도 그 기사를 보고 맹목적으로 산분해 간장이 유해하겠다고 생각했다는 점입니다. 앞에서 언급한 것처럼 먹으면 죽는 염산, 먹으면 죽는 수산화나트륨으로 만들었으니, 당연히 몸에 좋지 않을 것이라고 예상했을 기자와 똑같이 생각했다는 것이죠. 몇 달에 걸친 발효 과정으로 만들어진 양조간장도, 산분해 간장과 마찬가지로 대부분 염화나트륨과 물의 혼합물입니다. 양조간장의 염화나트륨이나 산분해 간장의 염화나트륨은 완전히 같은 물질입니다. 염화나트륨이 어떻게 만들어졌든지, 어디에 있든지 그냥 같은 물질 NaCl이죠. 따라서 산분해 간장이 염산과 수산화나트륨으로 만들어졌으니 마냥 위험하다고 생각했다는 것은 과학을 오랫동안 가르친 사람으로서 부끄러울 수밖에 없습니다. 산분해 간장이 유해할 수 있는 것은 염산과 수산화나트륨 때문이 아닙니다. 염산의 단백질 분해 과정에서 생기는 미량의 부산물, 양조간장의 색과 맛을 흉내 내기 위해 들어가는 첨가물 등이 건강에 좋지 않을 우려가 있는 것이죠. 염산과 수산화나트륨 자체가 문제가 있는 것은 아닙니다. 출신이 어디냐를 따지는 것은 인간 사회에서나 하는 일일 뿐, 염화나트륨은 어디서 왔든 염화나트륨일 뿐입니다.

천연 비누를 만들 때도 그렇습니다. 모든 비누의 주재료는 수산화나트륨과 기름입니다. 만든 천연 비누를 나누어 주면서 무엇으로 만들었냐는 물음에 수산화나트륨과 좋은 기름이라고 하면, '아이고, 그 독한 것으로 만들었냐' 하면서 빨래할 때나 써야겠다는 표정을 짓습니다. 모든 비누는 다 수산화나트륨으로 만든다고 말해 봐야 소용없을 표정 말이죠. 천연 물질이라고 해서 화학물질이 아닌 것이 아닙니다. 천연 물질도 다 화합물로 이루어져 있습니다.

화학을 공부할 때 가져야 하는 기본적인 생각 중의 하나는 세상이 92개 종류[5]의 원자로 구성되어 있고, 자연 상태로 존재하는 모든 물질은 몇 가지 종류의 원자 조합일 뿐이라는 것입니다. 그렇게 원자는 여러 변화를 겪으며 시간, 공간을 넘나들고 있습니다. 예를 들면 우리 몸

---

[5] 118종의 원소가 있지만 자연 상태에서 발견된 것은 92종, 나머지는 인공적으로 만든 원소임.

에 있던 산소 원자는 2,000년 전에 오존층에 있었을 수도 있고, 1,000년 전에 태평양 한가운데 있었을 수 있으며, 100여 년 전에 유관순 열사의 몸에 있었을 수도 있다는 말이죠. 원자는 존재 자체로 말할 뿐입니다. 어디서 왔는지는 중요하지 않습니다.

그러나 원자가 누구랑 같이 있는지는 매우 중요합니다. 화학이라는 학문의 십중팔구는 바로 원자가 누구랑 같이 있는지를 공부하는 것이라고 봐도 과언이 아닐 듯합니다. 조금 전까지 언급되었던 수산화나트륨, 염화나트륨만 봐도 그렇습니다. 나트륨이 혼자 있을 때는 공기 중의 수분과도 반응하여 불꽃을 낼 정도로 불안한 물질이다가, 누가 옆에 붙어서 수산화나트륨, 염화나트륨이 되면 안정한 물질이 됩니다. 그런데 또, 누가 옆에 붙었느냐에 따라 전혀 다른 성질이 됩니다. 먹으면 죽는다는 수산화나트륨이 되기도, 안 먹으면 죽는다는 염화나트륨이 되기도 하는 것이죠. 신기하지 않나요? 염화나트륨 자체만 해도 진짜 신기합니다. 맨손으로 잡는 것도 위험한 나트륨이라는 금속과 독가스의 주성분인 위험한 염소라는 기체가 만나서, 너무나 귀중하고 안전한 소금이 되는 것이 안 신기할 수 있나요? 아무리 원자니, 분자니, 가지고 설명한다고 해도 믿기지 않는 천지개벽할 변화죠. 이럴 때 '엽기'라는 말이 딱 어울립니다. 엽기적인 변화. 마법이 별것 있나요? 이런 게 마법이죠.

나트륨[6]　　　　　　염소[7]　　　　　　염화나트륨(소금)

　바로 이렇게 나트륨처럼 원자가 짝을 바꾸는 과정을 화학변화라고
하고, 그것이 화학 공부의 대부분일 것입니다. 이 원자 녀석들이 짝을
왜 바꾸는지, 짝을 바꾸면 어떤 일이 벌어지는지, 그 궁금증이 무궁무
진할 것입니다. 앞으로 천지개벽할 변화, 화학을 공부하면서 많은 질
문이 공부로 이어지길 바랍니다.

6) 출처 By Dnn87 at English Wikipedia.
7) 출처 By W. Oelen at English Wikipedia.

4 세상의 빛과 소금

? "왜 소금은 따로 챙겨 먹어야 해요?"

"동물들도 사람처럼 소금을 따로 섭취하나요?"

기본 지식

소금은 염화나트륨을 주성분으로 하는 짠맛을 내는 물질이다. 소금을 소금(小숲)이라고 생각하기 쉬운데 순수한 우리말이다. 체내에서 삼투압 조절 및 생리기능에 관여하며, 나트륨과 염소는 신경 전달, 근육 운동, 소화액 생성 등 생명 유지에 직결되는 매우 중요한 물질이다.

기독교 신약성서의 첫째 권이라는 마태복음에서 가장 유명한 구절 중 하나가 "너희는 세상의 빛과 소금이니…"일 겁니다. 빛은 지구에 생명이 있게 된 너무나도 기본적인 요소입니다. 따라서 너무도 소중한 대상을 빛에 비교하는 것은 당연하겠지요. 그런데 같이 언급된 소금이 빛과 비슷하게 취급받을 만큼 중요한 대상이라는 것은 조금 지나친 평가 아닐까요? 공기도 있고, 물도 있는데? "너희는 세상의 빛과 공기이

니…"라든가, "너희는 세상의 빛과 물이니…"가 더 맞는다고 생각하지 않나요? 저도 그런 것 같습니다. 생각해 보니 정말로 중요한 것들은 이상하게도 공짜이거나 형편없이 싸네요. 금방 언급한 빛, 공기, 물, 소금처럼 말이죠. 하지만 소금이 아이들 과자보다 싸게 되어 버린 것은 1~2백 년밖에 되지 않았다는 것을 알고 있나요?

먼저 소금에 대한 기본 지식부터 알아볼까요? 어릴 때 '바다가 왜 짠가?'는 '하늘이 왜 파란가?'와 함께 대표적인 아동용 질문이었지요. 실제로 '바다가 왜 짠가?'에 대한 질문은 중학교에서도 흔하게 나옵니다. 어린 시절 궁금증부터 해결하고 넘어갈까요? 일단 어린이에게 사용할 대답입니다.

한 도둑이 임금님이 가지고 있던 요술 맷돌을 훔쳐서 도망쳤죠. 요술 맷돌은 원하는 것을 말하면서 돌리기만 하면 마구 쏟아져 나오는 신기한 물건이었답니다. 도둑은 도망치던 중 배 위에서 요술 맷돌을 시험해 보기로 했습니다. 값진 소금을 만들어 달라고 소원을 빌며 요술 맷돌을 돌렸지요. 그런데 멈추는 법을 몰랐던 도둑은 늘어난 소금 때문에 요술 맷돌과 함께 바닷속으로 가라앉았습니다. 그래서 지금도 바다 깊은 곳에서 요술 맷돌이 돌고 있기에 바다는 계속 짜지고 있다나 뭐라나….

이제 생물의 생사를 좌우할 수 있는 소금에 대해 진지하게 알아보죠. 소금은 화학적 용어로 염소(Cl)와 나트륨(Na)이 결합한 염화나트륨을 주로 얘기합니다. 바다가 짠 것이 바로 염화나트륨 때문입니다.

염산의 주성분이자 1차 세계대전 독가스로 사용된 염소, 물에 조금만 닿아도 폭발적으로 타기 때문에 기름 속에 보관해야 하는 나트륨, 따로 있으면 참 무서운 원소인데 역시 극과 극은 통하는 걸까요? 그 둘이 같이 있으니 너무도 소중한 소금이 되네요. 아무튼, 수십억 년 동안 해저 화산을 주축으로 수많은 화산에서 분출되는 화산가스 속의 주성분인 염소가 물에 녹아 바다에 공급되고, 땅에서 산소, 규소, 알루미늄, 철, 칼슘 다음으로 많은 나트륨이 비에 녹아 계속 공급되면서 수십억 년 동안 바다는 점점 더 짜지고 있는 것이지요. 더구나 화학적으로 염소와 나트륨은 영혼의 단짝입니다. 염소는 원자 구조상 전자를 하나 얻어서 안정되고 싶어 하고, 나트륨은 전자를 하나 버려서 안정되고 싶어 하죠. 마치 열쇠와 자물쇠처럼 아귀가 딱 맞습니다. 지각을 구성하는 원소 중 이런 특성을 가지면서 나트륨보다 많은 원소는 없으니, 영혼의 단짝이라는 말이 딱 어울리지 않나요?

(바닷물 1kg 기준)

원소	함유량(mg)
염소 Cl	18,980
나트륨 Na	10,560
마그네슘 Mg	1,270
황 S	880
칼슘 Ca	400
칼륨 K	380

소금은 일상적으로는 천일염, 정제염 또는 재제염(꽃소금), 전기분해 염, 암염, 맛소금 등으로 살 수가 있습니다. 천일염은 염전에서 바닷물 증발로 얻어 낸 소금, 정제염(또는 재제염)은 천일염을 다시 물에 녹여 재결정이라는 방법으로 염화나트륨의 순도를 90% 이상 올린 소금, 전기분해 염은 소금물을 전기분해하여 순수한 염화나트륨만을 얻은 소금, 암염은 과거에 바다였던 곳에서 암석 상태로 존재하는 소금 바위를 깨어서 파는 소금, 맛소금은 정제염에 조미료를 더하여 맛을 낸 소금을 말하며 그 밖에도 죽염, 자염, 토판염, 함초염 등 소금 만들기의 재료와 방법에 따라 많은 소금이 존재합니다.

지금이야 원하는 소금을 필요한 만큼 마트에 가서 바로바로 사서 쓰지만, 예전에는 소금 장수에게 천일염을 한 포대씩 사다가 두고두고 먹었던 기억이 납니다. 이렇게 천일염을 포대로 사다 놓으면 저절로 정제염 비슷하게 되는 이점이 있습니다. 왜냐하면, 천일염 속에 들어 있는 염화나트륨 다음으로 많은 염화마그네슘이 수분을 잘 빨아들이는 성질이 있으므로 공기 중에 수분과 결합하여 물에 녹은 채로 흘러나오기 때문이죠. 이렇게 흘러나오는 물을 간수라고 하며, 콩물을 응고시켜 두부를 만들 때 사용하는 응고제로 사용하기도 합니다. 염화마그네슘은 쓴맛이 나기 때문에 천일염을 미리 사 두고 간수를 빼면 쓴맛을 제거하는 효과도 있겠습니다. 바닷물 속에 있는 여러 물질은 대부분 우리 몸에 필요한 물질이니 천일염이 값도 싸고 영양 면에서도 좋겠지만, 요즘은 시판되는 대부분 천일염에서 미세플라스틱이 검출

질문 더하기 과학 수업

된다고 하니 미세플라스틱, 중금속 오염 문제를 생각할 때 마냥 천일 염을 추천할 수도 없겠네요.

소금은 우리 몸속에 들어와서 많은 일을 합니다. 삼투압 조절, 영양소 흡수, 신경세포 정보 전달, 체내 pH 조절, 미네랄 균형 등 굵직한 역할만 나열해도 소금 안 먹으면 죽겠구나 싶지요. 소금이 생명을 위협하는 백색 가루, 고혈압과 당뇨의 원흉 등의 오명을 쓰고 있지만 그건 소금이 너무 풍부해진 시대의 배부른 소리가 아닐 수 없습니다.

소금은 100여 년 전까지만 해도 중요한 역할만큼이나 귀하디귀한 존재였지요. 생각보다 소금을 구할 수 있는 곳이 많지 않기 때문입니다. 소금을 구할 곳이 많지 않다는 것이 믿기지 않죠? 우리나라의 경우, 삼면이 바다이기 때문에 소금 구하기가 뭐 그리 힘들었겠는가 생각할 수 있어요. 바닷물 1kg 속에 들어 있는 천일염이 35g 정도 됩니다. 사람의 1일 권장 소금 섭취량이 5g 정도이니 4~5명이 하루 먹는 용도로만 소금을 쓴다면 바닷물 1kg이면 충분하겠네요. 하지만 수만 명, 수십만 명이 모여 사는 도시에서 필요한 소금의 양을 생각해 보면 아찔합니다. 더구나 바닷물을 끓여서 소금을 얻는 방식은 또 하나의

35g   5g

귀중한 자원인 땔감을 막대하게 소비하기 때문에, 이 방식으로는 어마어마한 소금의 소비량을 감당할 수 없습니다.

여기서 잠깐, 소금이 아니라 그냥 바닷물을 조금씩 먹으면 되는 것 아닌가요? 사람 체액이나 혈액의 농도는 0.9%이고 바닷물의 농도는 약 3.5%입니다. 바닷물을 그대로 마시면 삼투현상[1]에 의해 오히려 세포에서 물이 빠져나와 탈수 현상을 겪겠지요. 하지만 바닷물에 담수를 섞어 농도를 0.9% 미만으로 떨어뜨려 먹으면 소금을 섭취하는 셈이니 바다가 있다면 소금 걱정을 하지 않아도 되지 않을까요? 나름 맞는 말입니다. 소금을 순수하게 사람이 먹을 용도로만 본다면, 바닷물을 사용하면 됩니다. 우물물 한 그릇에 바닷물 1순가락쯤 추가하면 해결되겠네요. 하지만 먹는 용도의 소금보다 비교도 되지 않을 정도로 훨~씬 많은 양을 사용하는 용도가 있습니다. 무엇일까요? 그냥 바닷물로는 도저히 해결할 수 없는 인류의 생존과 직결되는 쓰임새랍니다. 그 답은 바로 염장입니다. 소금의 큰 용도 중의 하나가 음식 재료에 뿌려서 세균을 억제하고 오랜 기간 음식을 저장할 수 있도록 만드는 것이랍니다. 이때는 바닷물 정도의 농도로는 안 되지요. 고추장, 된장, 간장 같은 각종 장뿐만 아니라, 김치, 햄을 비롯한 각종 고기, 생선을 장시간 두고 먹기 위해서는 소금에 절이는 과정이 필요하답니다. 냉장고를 사용하기 시작한 20세기에는 염장의 중요성이 많이 퇴색했지만, 그 전에

....

1) 반투과성 막(세포막)을 경계로 농도가 다른 용액이 있을 때 농도가 낮은 쪽에서 높은 쪽으로 용매(물)가 세포막을 통과 · 이동하는 현상임.

는 생존과 직결되는 것이 염장이었습니다. 1년 내내 신선한 음식물이 공급되는 곳은 아주 드물었으니까요.

그러니 많은 양의 소금이 필요한 큰 도시나 국가는 태양을 이용할 수 있는 염전 설비가 필요하겠지요. 하지만 염전의 조건이 생각보다 까다롭답니다. 염전을 만들려면 일단 조수 간만 차이가 커서 바닷물을 쉽게 가둘 수 있어야 하고, 바닷물을 염도에 따라 이리저리 옮겨 담을 수 있도록 경사가 완만해야 하지요. 또한, 햇볕과 바람이 좋고 기온이 높으며 건기와 우기가 뚜렷해야만 합니다. 과학 기술이 발전하지 못했던 과거에는 이런 조건을 만족한 염전은 세계에서 몇 곳이 되지 않았지요. 지중해 연안, 오스트레일리아 서부, 인도 서부 등의 일부 지역이 해당합니다. 그러다 보니 사실 사용되는 소금 중 천일염이 차지하는 비율은 전체 소금 사용량의 절반도 되지 않습니다. 오히려 암염이나 지하 염수층을 시추하는 등과 같이 육지에서 얻어 내는 소금의 비율이 천일염에 비해 높답니다. 우리나라 같은 경우는 서해안이 세계 5대 갯벌로서 앞서 언급한 지중해 연안, 오스트레일리아 서부, 인도 서부 지역과 함께 세계에서 몇 안 되는 천일염 대량생산이 가능한 곳입니다. 따라서 우리나라는 그나마 다른 나라에 비해서는 천일염을 쉽게 얻은 편이라고 봐야 하겠지요. 아무튼, 소금은 바닷물처럼 흔한 물질이 아니라서, 목숨을 걸고 차마고도[2]를 오르내리며 운반하고, 소금 산지를

....
2) 중국의 차와 티베트의 말을 거래하기 위해 만들어진 길을 말하며 대부분 4,000m 이상의 험준한 길로 유명함.

지키기 위해 잘츠부르크 성³⁾을 쌓을 만하다는 말입니다.

영국 생존 가이드북에 나오는 생존의 3 법칙에 의하면 물을 안 먹으면 3일 이상 버틸 수 없다고 합니다. 소금도 마찬가지로 3일 정도를 생존의 마지노선으로 본다고 합니다. 그 때문에 단식을 하는 사람도 물과 소금은 챙겨 먹어야 합니다. 이렇게 중요한 소금을 왜 따로 챙겨서 섭취해야 하는지 궁금해집니다. 소금의 주성분인 염화나트륨을 제외한 무기염류, 비타민, 기타 주요 영양소는 그냥 음식을 골고루 섭취하는 것만으로도 충분한데 왜 소금, 즉 염화나트륨은 따로 만들어져 있는 것을 섭취하든지 음식물에 넣어서 먹어야 하는가 말입니다. 사람의 음식이 되는 동물과 식물 자체에 소금이 들어 있지 않다는 말인가요? 동물과 식물은 소금이 필요 없다는 말인가요?

이 질문에 대한 해답은 농사에서 찾을 수 있습니다. 사람이나 짐승이나 다 같은 동물로서 당연히 생존을 위해 소금이 필요하고 몸에 일정량의 염소와 나트륨을 유지하고 있습니다. 따라서 사람이 육식을 주로 한다면 별도로 소금을 섭취하지 않아도 되겠지요. 그러니 육식동물은 소금을 찾아 헤매지 않아도 됩니다. 사람이 수렵, 채집 생활을 하던 수만 년 전에는 소금의 생산이 별도로 필요 없었다는 얘기가 되겠지요. 하지만 인류가 농경 생활로 정착하고 곡물 위주의 식사를 하게 되면서 일정한 양의 소금은 생존을 좌우하게 됩니다. 풀만 먹는 초식

----

3) 오스트리아 도시로 모차르트의 고향이자 영화 〈사운드 오브 뮤직〉의 촬영 장소이다. 잘츠부르크 성은 '소금의 성'이라는 뜻임.

동물을 가축으로 키우는 것도 소금을 더
욱 필요하게 만들었죠. 초식동물의 먹이
가 되는 풀, 즉 식물은 동물과는 다르게
체내에 소금, 염화나트륨이 거의 없습니
다. 물이 너무도 소중한 식물에 소금은 독
약이나 다름없습니다. 소금이 있는 곳에
서는 삼투압 때문에 식물 속 물이 빠져나
갈 테니까요. 짭짤한 풀은 상상이 안 되지
요? 따라서 풀만 먹는 초식동물은 사람처

절벽에서 소금을 먹는
아이벡스(산양)

럼 별도의 소금 공급이 필요합니다. 소금의 공급이 원활한 곳에 정착
할 수밖에 없네요. 소금의 공급이 원활하도록 바다가 가깝고 농사짓기
가 편한 평지인 곳, 바로 큰 강의 하류 지역입니다. 4대 문명의 발상지
도 그런 곳이죠.

식물은 염화나트륨이 거의 없다고 했는데 채식주의자들은 소금 섭
취에 더욱 신경을 써야 하겠네요. 동물 몸에서의 소금, 특히 나트륨의
역할을 식물에서는 칼륨이 한답니다. 나트륨과 칼륨은 우리 몸에서 서
로 균형을 이루며 매우 중요한 임무를 수행하고 있죠. 세포에는 나트
륨-칼륨 펌프라는 것이 있습니다. 세포막은 반투막으로 물을 제외한
물질들이 드나들 수 없는데, 나트륨-칼륨 펌프는 세포막에 붙어 있는
똑똑한 문지기와 같습니다. 이 문지기는 나트륨 이온을 부지런히 세포
밖으로 내보내고, 대신 칼륨 이온을 안으로 끌어들입니다. 이 활동 덕

분에 세포 안팎의 염분 균형이 유지되지요. 이 균형이 깨지면 마치 물이 부족한 식물처럼 세포가 쪼그라들거나 너무 부풀어 오르기 때문에, 이 펌프는 세포의 생명을 지키는 가장 중요한 임무를 수행합니다. 더 나아가, 이 펌프는 세포의 발전기 역할도 합니다. 나트륨과 칼륨을 열심히 움직여 전기적인 힘을 만들어 내는데, 이 힘이 바로 신경세포가 정보를 빠르게 전달하고 근육을 움직이게 만드는 핵심 동력이 되죠. 소금(나트륨)이 우리 몸에 꼭 필요한 이유가 바로 이 펌프의 활동에도 있겠습니다. 나트륨과 칼륨 어느 한쪽이 부족하다면 생명에 심각한 위험을 초래하겠죠? 그러니 채식과 육식을 골고루 섭취하여 몸의 칼륨과 나트륨의 균형을 맞추는 것이 아주 중요합니다. 비건이라고요? 조리할 때 소금 넣는 것을 잊지 마시길….

너무 많이 소금을 섭취하면 나트륨 때문에 신장에 무리를 주고 혈압을 올리며 위가 망가지기 쉽습니다. 세계보건기구의 나트륨 하루 권장량은 2,000mg입니다. 소금으로 치면 5g, 티스푼 한 개 정도인데 너무 적은 양이죠? 작은 컵라면 하나를 깨끗이 먹었다면 하루 권장량의 거의 절반을 먹은 셈입니다. 짬뽕 한 그릇은 하루 권장량의 두 배를 먹은 셈입니다. 김치나 단무지를 곁들여 먹었다고요? …….

생사를 가를 정도로 중요하지만 흔하지 않아서 전쟁도 불사했던 소금이 이젠 너무 많아 걱정인 시대에 살고 있습니다. 풍요로워진 세상의 상징물이 소금이라고 봐도 되겠죠?

5 이름이 뭐니

? **"포도당에서 '포도'가 먹는 포도와 같은 뜻인가요?"**

"화강암은 딱딱한 암석이라는 뜻인가요?"

기본 지식

꽃

김춘수

내가 그의 이름을 불러 주기 전에는 그는 다만 하나의 몸짓에 지나지 않았다.
내가 그의 이름을 불러 주었을 때 그는 나에게로 와서 꽃이 되었다.

…

책에 있는 내용 중에 가장 중요한 부분은 어디에 있을까요? 아마 중요할수록 크고 굵은 글씨로 쓰여 있을 것입니다. 그럼, 과학 교과서에서 제일 크고 굵은 글씨는 어디에 있을까요? 아무래도 표지에 쓰여 있는 '과학'이라는 단어일 것 같습니다. 우리는 무엇인가 배우려고 할 때 너무 열의가 앞선 나머지 내가 뭘 배우려고 하는지 놓치는 경우가 많

습니다. 혹시 과학을 배우면서 과학이 무슨 뜻인지 생각해 본 적이 있나요? 과학은 한자로 '科學'이라고 쓰고, 영어로는 'science'입니다. science는 라틴어 'sciens'라는 단어에서 유래했고 sciens는 '지능, 앎'을 뜻한다고 합니다. 저는 과학의 뜻으로 영어보다 한자가 훨씬 더 마음에 듭니다. 科學[1]의 '學'은 당연히 배운다는 뜻이죠. 그럼 '科'을 배우는 것이 과학이라는 말인데 '科'는 과정을 뜻하는 한자입니다. 결국, 과학은 과정을 배우는 학문이라는 말이겠지요. 조금 살을 붙이면 세상에 존재하는 수많은 현상과 결과가 일어나는 과정, 왜 그런 현상과 결과가 나타났는지를 배우는 학문이 과학이라는 뜻으로 받아들였습니다. 다른 과목과 비교해서 이름을 너무 잘 짓지 않았나요? 정말 마음에 드는 과학의 뜻입니다. 우리의 이름을 어머니, 아버지가 밤새워 고민하며 지은 것처럼 모든 용어는 절대 허투루 짓지 않았겠죠. 많은 경우는 용어의 뜻만 알아도 거의 다 배웠다고 할 수 있는 경우가 적지 않습니다. 어원까지 알게 되면 무릎을 탁 치게 되는 경우도 있죠. 따라서 처음 접하는 용어의 뜻을 아는 것은 공부의 시작이라고 얘기할 수 있지 않을까요? 그래서 교과서에 등장하는 단어들의 뜻을 알아보는 시간을 가질까 합니다.

과학책에서 수시로 등장하는 단어가 뭐가 있을까요? 에너지, 원자, 전기, 공기, 기체, 부피, 질량, 열, 식물, 힘, 단위 등등 너무 많겠지요.

---

1) 일본인 니시 아마네(1829~1897)가 science의 번역어로 과학(科學)을 채택함. — 위키백과.

그중에서도 가장 흔하게 등장하는 단어 중 하나는 '물질'을 꼽을 수 있을 것 같습니다. 세상을 분류하는 방법으로 다양한 기준에 따라 생물과 무생물, 유기물과 무기물, 기체·액체·고체 등이 있겠지만, 이런 기준에 따르면 분류하기가 애매한 경우가 제법 많습니다. 그래서 세상을 물질과 비물질로 나누는 것으로부터 시작하는 것이 좋을 듯합니다. 과학적이기도 하면서 예외가 없어 보이거든요. 그렇다면 물질이란 무엇일까요? 물질은 과학책뿐만 아니라 생활에서도 많이 쓰는 단어입니다. 그냥 쉽게는 물질을 '물체를 이루고 있는 것' 정도로 알고 사용하면 되겠지만, 과학적인 의미는 비물질과 반대되는 명확한 개념을 가지고 있습니다. 질문해 보면 한 학급에 한 명 정도 정확히 대답할까 말까…? 비물질에는 어떤 것이 있는지 나열하면 '물질'이 무엇인지 명확해질 수 있겠네요. 비물질에는 빛, 에너지, 시간, 소리, 중력을 비롯한 많은 힘, 전자파 등이 있습니다. 비물질로 나열될 것들의 공통점이 떠오르나요? 과학 중에서도 물리 시간에 배우는 것들이라고요? 틀린 말은 아닙니다. 물리를 배우기 어려워하는 이유와도 연관되겠네요. 바로 비물질은 질량이 없다는 것입니다. 질량이 없으니, 실체가 없고, 실체가 없으니 인지할 수 있는 대상이 명확하지 않아서 물리 과목을 힘들어할 수밖에 없겠네요. 아무튼, 물질이 무엇으로 정의되는지 답이 나온 것 같습니다. 비물질이 질량이 없는 것이니 물질은 질량이 있는 것입니다. 좀 더 정확히는 고유한 질량을 가지며, 공간을 차지하는 부피가 있는 것입니다. 뜻을 알고 나니 물질이라는 단어를 좀 더 정확하게 사용할 수 있겠네요.

포도당은 생물 공부에서 자주 등장하는 핵심 물질입니다. 영양소, 광합성, 호흡, 소화, 배설 등의 개념을 배울 때 반드시 언급되는 물질이죠. 우리는 주로 탄수화물을 에너지원으로 살아간답니다. 머리, 팔, 다리를 뺀 우리의 몸통 대부분을 채우고 있는 소화기관은 열심히 음식물 속 탄수화물을 소화하여 포도당을 만들어 내죠. 식물은 물과 이산화탄소를 재료로 빛에너지를 이용하여 포도당을 합성합니다. 그래서 그 과정을 광합성이라고 이름 지었습니다. 이 중요한 포도당의 이름이 우리가 흔히 먹는 포도와 같은 한자를 쓰고 있을까요? 놀랍게도 같은 한자 '葡萄'랍니다. 포도당의 '포도'도 먹은 과일 포도와 같은 말인 겁니다. 그래서 포도당[2]을 영어로는 'grape sugar(또는 glucose 글루코스)'라고 씁니다.

"선생님, 화강암은 화성암 중에 강한 돌이라서 화강암인가요?"

"그럴 것 같은데… 확실하지는 않네."

---
[2] 1747년 독일 과학자 안드레스 마가라프가 건포도에서 포도당을 분리한 것에서 유래함.

평소에 그렇게 생각하고 사용했었는데 막상 질문을 받고 나니 확신이 안 섰습니다. 화성암이 마그마가 식어서 굳어진 암석을 통칭하는 것이니, 화성암의 여러 종류 중 하나인 화강암도 비슷한 뜻일 것이라 막연히 짐작하고 있을 뿐이었죠. 역시 질문은 배움의 시작이 맞습니다. 화강암은 한자로 '花崗岩', 한자의 뜻은 꽃 (화), 언덕 (강), 돌 (석). 꽃과 언덕을 아무리 연결하려 해도 우리가 알고 있는 흰 바탕에 검은 점박이 형태인 화강암과 연결되지 않습니다. 찾아보니 특이한 색깔을 가진 이 암석이 중국 남부의 화강(花崗)이라는 곳에서 많이 산출된 것에서 유래된 이름이라고 합니다. 퇴적암이 많은 중국에서 화강암과 같은 형태의 암석은 특이했던 모양입니다. 우리나라에 너무 흔해서 특이하게 안 느껴지는 것일 뿐, 실제로 흰 바탕에 검은 점이 콕콕 박힌 듯한 특이한 생김새의 돌이 맞죠. 우리나라에서는 흔하디흔한 화강암이니 다시 이름을 지으라고 한다면 '한국암'이라고 불러도 좋을 듯합니다.

화강암의 작명과 비슷한 원리로 지어진 이름들이 즐비한 맛집이 지질학에 많습니다. 지질시대를 구분하는 용어들로 고생대, 중생대, 신생대를 많이 들어 보았을 겁니다. 고생대는 다시 캄브리아기 · 오르도비스기 · 실루리아기 · 데본기 · 석탄기 · 페름기로 나누고, 중생대는 트라이아스기 · 쥐라기 · 백악기로 나누지요. 영국 웨일즈 지방에서 발견된 지층 시대의 이름을 웨일즈의 옛 지명을 붙여 '캄브리아기'라고 부릅니다. 오르도비스기와 실루리아기 역시 웨일즈 지방에서 발견되어 그 지역의 고대 부족의 이름을 붙였고, 데본기도 지층이 발견된 영국 남부 데본 지방의 이름을 이용했습니다. 석탄기는 아직 목질을 분해할 미생물이 없던 시기에 대규모 석탄층이 발견되었기에 붙여진 이름이고, 페름기도 러시아 페름이라는 지역에서 발견된 지층 때문에 붙여진 이름입니다. 중생대의 트라이아스기는 독일의 남부 지방에서 세 가지 색깔의 지층으로 발견된 것 때문에, 쥐라기는 스위스와 프랑스 사이의 쥐라산맥에서 발견되었기 때문에, 백악기는 발견되는 지층에서 많이 발견되는 하얀색 암석인 백악 때문에 이름이 붙여졌습니다. 고생대보다 앞선 지질시대를 선캄브리아대라고 부르는 이유는 당연히 캄브리아기에 '이전'이라는 뜻의 한자 선(先)을 붙인 것이겠지요.

화학에서도 화강암처럼 쉽게 짐작했던 뜻이 아닌 용어가 있습니다. 화강암보다 더 깜짝 놀랐던 기억을 갖게 해 준 용어입니다. 과학의 기초 중의 기초이자 모든 과학의 출발점이 되기도 하는 원자의 기본 구조는 중심에 있는 핵과 주변을 돌고 있는 전자로 설명됩니다. 핵의 주변을 돌고 있는 전자 중에서도 가장 중요한 전자가 맨 바깥쪽에서 돌고 있는 전자, 이름하여 '원자가전자'입니다. 맨 바깥쪽에서 돌고 있는 전자를 지칭하는 용어이니 너무나도 당연히 원자가전자의 '가'는 가장자리 또는 경계의 뜻 가진 한자인 '際'를 사용하여 원자가전자(原子際電子)라고 생각했지요. 그런데 아니었습니다. 원자가전자는 가장자리 뜻을 가진 가(際)를 사용하는 것이 아니라 '가(價)'를 사용하여 원자가전자(原子價電子)였습니다. 가(價)는 값, 가치를 뜻하는 한자입니다. 즉 원자의 가치를 결정하는 전자라는 뜻이지요. 영어로도 'valence electron'. 맨 바깥쪽 전자의 개수 때문에 원자가 어떻게 변할지, 어떤 물질과 어울릴지, 어떻게 에너지가 출입할지 등이 결정 나는 셈이니 훨씬 어울리고 가치 있기도 한 이름입니다. 더불어 갑자기 헷갈리기 시작합니다. 최외각전자였던가? 최외곽전자였던가? 최외각전자가 맞습니다. 제일 외곽에 있다고 최외곽이 아니라 '껍질 각(殼)'의 한자어를 사용하여서 최외각전자(最外殼電子)입니다. 제일 바깥 껍질에 있는 전자를 말합니다. 원자가전자와 최외각전자의 뜻이 다른 만큼 같은 용어로 생각하면 안 됩니다. 비슷하기는 하지만 다릅니다. 최외각전자는 원자의 구조상 제일 바깥쪽 껍질에 있는 전자를 단순하게 의미하는 것이라면 원자가전자는 최외각전사 중에서도 화학반응에 참여하는 전자를 의미합니다. 대부분 원소에서 둘은 개수가 같으므로 원자가전자와 최외각전자를 비슷하게 사용하여도 큰 문제가 되지 않지만, 특별한 경우에는 전혀 다른 말이 됩니다. 예를 들면 아르곤(Ar) 같은 원자는 최외각전자가 8개지만 이 8개의 전자가 화학반응에 참여하지 않기 때문에 원자가전자는 0이 됩니다.

이번엔 수업할 때마다 '이름을 참 잘 지었다'라고 생각되었던 대기권의 구조를 얘기해 보겠습니다. 지구와 우주의 경계를 대체로 고도 100km로 보니[3] 대기권도 지표면에서 약 100km까지로 볼 수 있겠습니다. 대기권은 대류권, 성층권, 중간권, 열권으로 분류합니다. 이것

....
3) 국세항공연맹에서는 지표면에서 100km 이상을 우주로 보나, 관점에 따라 대기권의 높이는 다를 수 있음.

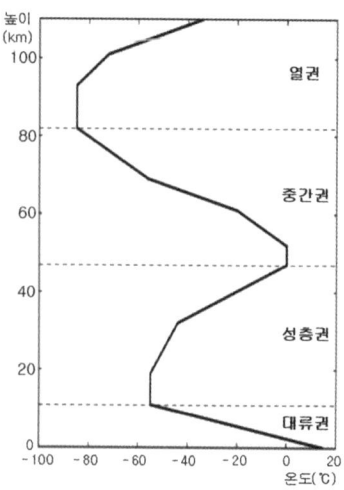

은 높이에 따른 온도변화로 구분한 것입니다. 그림과 같이 세 개의 변곡점이 있어 네 개의 권역으로 구분하는 것이죠. 대류권, 성층권, 중간권, 열권은 영어로 지어진 이름을 번역한 셈인데 영어 이름은 각각 Troposphere(대류권), Stratosphere(성층권), Mesosphere(중간권), Thermosphere(열권)입니다. 'Sphere'는 영역이라는 뜻이니 'Tropo'를 '대류'로, 'Strato'를 '성층'으로, 'Meso'를 '중간'으로, 'Thermo'를 '열'로 번역한 셈입니다. 사실 대기권은 2개의 층으로 나뉘었으면 끝이었습니다. 지구의 복사열에 영향을 받아 지구와 가까울수록 온도가 높은 아래쪽 층과 지구에서 너무 멀어서 태양에 가까울수록(지구에서 멀수록) 온도가 높은 위쪽 층으로 나누면 끝이었을 텐데 누구 때문에 복잡해졌습니다. 누구는 바로 성층권에 있는 그 유명한 오존층입니다. 오

존층에서 태양에너지를 흡수하는, 특히 자외선을 흡수하는 작용 덕분에 지구로부터 멀어지면서 계속 떨어져야 할 온도가 역전 현상이 일어나 버린 것이죠. 앞으로 "선생님! 만약 오존층이 없어 대류권 온도가 계속 떨어졌다면 지구에는 어떤 일이 일어났을까요?"라는 학생들의 질문을 기대하면서 이번 글에서는 이름에 관한 이야기만 이어 가겠습니다. 4개의 영역별로 중요한 특징을 가지고 이름을 지은 셈인데 높이가 높을수록 떨어지는 대기의 온도 때문에 대류 현상이 일어나는 대류권, 오존층 때문에 대류 현상이 없어져 조용히 층을 이루고 있어 성층권, 태양열 때문에 엄청나게 뜨거워지는 열권, 별다른 특징이 없어 지구의 영향이 큰 아래쪽과 태양의 영향이 큰 위쪽의 중간에 있다고 중간권. 별것 아닌 것 같지만 이름을 참 잘 지었고 이름만 알아도 대기권의 구조를 거의 이해했다고 봐도 과언이 아니겠네요.

저만 그런지 모르겠습니다만, 가끔 내용, 설명만 기억이 나고 정작 제목이나 주제가 기억나지 않는 경우가 있습니다. 중요한 것은 크고 굵은 글씨로 제일 앞에 있는 경우가 대부분이죠. 제목, 이름은 중요합니다. 모든 과학 용어는 세상을 이해하려는 인간의 노력과 고민을 담고 있습니다. 이제부터는 새로운 용어를 만날 때마다, '이 이름은 무슨 뜻일까?'라는 질문으로 배움을 시작해 보는 건 어떨까요?

추가로, 저도 최근에 안 사실이라 퀴즈 하나를 내면서 마무리하겠습니다. 현재 자연 상태에는 원자번호 1번 수소부터 원자번호 92번 우라

늄까지 있는 것으로 알려져 있습니다.[4] 우리나라에서 통용되는 원소 이름 중에서 순수 한글로 이름이 붙여진 원소가 몇 개나 있을까요? 아래에서 찾아보세요. 유력한 후보자가 많이 보이지만 단 2개밖에 없습니다.

1 H 수소, 2 He 헬륨, 3 Li 리튬, 4 Be 베릴륨, 5 B 붕소, 6 C 탄소, 7 N 질소, 8 O 산소, 9 F 플루오린 ,10 Ne 네온, 11 Na 나트륨, 12 Mg 마그네슘, 13 Al 알루미늄, 14 Si 규소, 15 P 인, 16 S 황, 17 Cl 염소, 18 Ar 아르곤, 19 K 칼륨, 20 Ca 칼슘, 21 Sc 스칸듐, 22 Ti 타이타늄, 23 V 바나듐, 24 Cr 크로뮴, 25 Mn 망가니즈, 26 Fe 철, 27 Co 코발트, 28 Ni 니켈, 29 Cu 구리, 30 Zn 아연, 31 Ga 갈륨, 32 Ge 게르마늄, 33 As 비소, 34 Se 셀레늄, 35 Br 브롬, 36 Kr 크립톤, 37 Rb 루비듐, 38 Sr 스트론튬, 39 Y 이트륨, 40 Zr 지르코늄, 41 Nb 나이오븀, 42 Mo 몰리브덴, 43 Tc 테크네튬, 44 Ru 루테늄, 45 Rh 로듐, 46 Pd 팔라듐, 47 Ag 은, 48 Cd 카드뮴, 49 In 인듐, 50 Sn 주석, 51 Sb 안티모니, 52 Te 텔루륨, 53 I 아이오딘, 54 Xe 제논, 55 Cs 세슘, 56 Ba 바륨, 57 La 란탄, 58 Ce 세륨, 59 Pr 프라세오디뮴, 60 Nd 네오디뮴, 61 Pm 프로메튬, 62 Sm 사마륨, 63 Eu 유로퓸, 64 Gd 가돌리늄, 65 Tb 터븀, 66 Dy 디스프로슘, 67 Ho 홀뮴, 68 Er 어븀, 69 Tm 툴륨, 70 Yb 이터븀, 71 Lu 루테튬, 72 Hf 하프늄, 73 Ta 탄탈럼, 74 W 텅스텐, 75 Re 레늄, 76 Os 오스뮴, 77 Ir 이리듐, 78 Pt 백금, 79 Au 금, 80 Hg 수은, 81 Tl 탈륨, 82 Pb 납, 83 Bi 비스무트, 84 Po 폴로늄, 85 At 아스타틴, 86 Rn 라돈, 87 Fr 프랑슘, 88 Ra 라듐, 89 Ac 악티늄, 90 Th 토륨, 91 Pa 프로트악티늄, 92 U 우라늄[5]

....

4) 자연 상태에서 93번 넵투늄과 94번 플루토늄도 아주 미량 존재한다고 보는 주장도 있음.
5) 구리와 납. 순수한 구리가 붉은색을 띠는 것으로부터 불을 뜻하는 '굴'이라는 우리말에서 기원했다고 보며(구들, 굽다, 굴뚝 등도), 납은 '鑞(땜납 랍)'이라는 한자에서 기원한 것으로 봄.

질문 더하기 과학 수업

6 뻔한 질량 보존 법칙

? **"질량 보존의 법칙은 너무 당연한데 왜 대단하다고 해요?"**

"화학변화에서 질량이 달라지지 않는다는 것이 왜 중요해요?"

> ### 기본 지식
> 질량 보존의 법칙은 화학반응에서 반응 전의 물질의 총질량과 반응 후에 생성된 물질의 총질량이 같다는 것이다. 1774년 프랑스의 과학자 라부아지에에 의해 발견되었다. 라부아지에는 연금술과 구별하여 학문으로서의 근대적 화학을 창시한 인물로 화학의 아버지라 불린다.

"에이~ 너무 당연한 것 아닌가요? 이렇게 당연한 걸 무슨 법칙이라고 하죠? 질량 보존의 법칙, 괜히 멋있어 보이려고 붙인 이름 같아요." 하지만 이 당연한 질량 보존의 법칙이 나오기까지 인류는 무려 2천 년 가까이 다른 생각을 해 왔다는 사실을 아시나요?

오늘은 18세기 최고의 과학자 중의 한 명인 라부아지에가 발견한 질량 보존의 법칙에 관해 설명할까 합니다. 질량 보존의 법칙을 한 문장으로 말하면 물질이 화학적으로 변화할 때 변화하기 전과 후의 질량이 같다, 보존된다는 것입니다. 예를 들어 철이 산소와 결합하여 산화철이 될 때(녹슬 때) 변화에 참여한 철과 산소의 질량은 산화철이 된 후에 질량과 같다는 말이지요. 또, 물을 전기 분해하여 수소와 산소로 만들 때, 분해하기 전 물의 질량과 분해된 후 수소와 산소의 질량이 같다는 것입니다. 어떤가요? 당연한 상식 같은 얘기 아닌가요?

실제로 질량 보존의 법칙은 과학 지식이라고 할 것도 없는 너무 단순한 얘기처럼 보입니다. 사라졌다 나타났다 하는 마법이 아닌이상, 질량이 보존되지 않는 것이 오히려 이상한 일이죠. 이 단순한 사실이 뭐가 그리 대단하여 위대한 발견에 해당하고, 이것으로

인해 라부아지에가 '근대 화학의 아버지'라는 별칭을 얻었는지 이해되지 않을 수 있습니다. 저도 충분히 공감합니다. 하지만 여기엔 간과되고 있는 사실이 있습니다.

라부아지에가 질량 보존의 법칙을 발표한 시기는 1774년입니다. 아직은 징하게도 오랫동안(약 2천 년간) 아리스토텔레스의 4원소설이 대체로 믿어지던 시절이지요. 아리스토텔레스의 4원소설은 세상이물, 불, 흙, 공기로 이루어져 있고 따뜻함, 차가움, 습함, 건조함, 이렇게 네 가지 성질에 따라 서로 변화될 수 있으며, 4원소의 구성 비율에 따라 모든 물질이 만들어진다는 학설입니다. 그리고 이 네 가지 원소

로 세상이 꽉 차 있으며 농도가 옅어졌다, 짙어졌다 하며 변화하고 있다고 생각하였죠. 옅어지면 공기, 조금 짙어지면 물, 아주 짙어지면 얼음이 된다는 식으로 설명하기 때문에 세상을 연속적으로 해석한다고 해서 연속설이라고도 합니다. 바로 세상이 따로따로 독립된 입자로 구성되어 있다고 보는 라부아지에, 돌턴 등의 입자설 주장과 반대 해석이지요.

지금은 세상이 원자라고 이름 붙여진 입자로 구성되어 있다는 사실을 초등학생들도 알고 있지만 250여 년 전에는 그렇지 못했습니다. 물질이 원자로 구성되어 있고 다른 물질로 변화할 때 원자 자체가 변하는 것이 아니라 원자의 배열만 바뀌는 것이라고 본다면, 질량 보존은 당연한 셈입니다. 그런데 원자는커녕 공기가 무엇으로 이루어져 있는지도 모르던 시절, 사람들은 종이가 타면서 질량이 가벼워지고 철이 타면서 질량이 무거워지는 걸 보며 물질이 변화할 때 질량은 변할 수 있다고 보는 것이 당연했겠지요. 아리스토텔레스의 해석을 사용하면 물질의 성질이 변할 때 농도가 옅어지거나 짙어지면서 질량이 달라지는 것은 아무런 탐구 대상이 되지 않았던 것입니다.

아무것도 없는 공간을 부정하며 세상이 물질로 꽉 차 있다고 보는 연속설의 시대는 에반젤리스타 토리첼리(1608~1647)로부터 의심받기 시작합니다. 지금도 중학교 과학 시간에 배우는 수은주 실험으로부터 시작하죠. 1643년에 토리첼리는 1m 길이의 유리관에 수은을 꽉 채운 후 유리관을 거꾸로 세우면, 수은이 내려오면서 높이가 76cm에서 멈추는 것을 알아내고 대기압이 있다고 결론 내립니다. 더불어 수은으로 꽉 채웠던 유리관을 거꾸로 세운 후, 수은 위에 새롭게 만들어진 공간은 비어 있는 진공일 것이라 주장했지요. 이것은 농도만 다를 뿐 세상이 물질로 꽉 차 있다라는 연속설에 위배되는 주장입니다. 하지만 아직 한 사람의 과학자 말에 깨어질 연속설이 아닙니다.

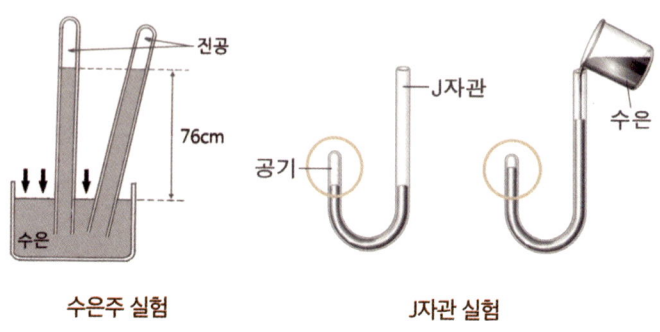

수은주 실험   J자관 실험

  이어서 연속설 타도 도전의 바통을 로버트 보일(1627~1691)이 이어 갑니다. 손재주가 좋아 자신이 만든 현미경으로 세포를 최초로 확인한 것으로 유명한 로버트 훅과 함께 3m짜리 J자 유리관으로 부피와 압력 간의 관계를 정리하여 보일의 법칙을 발표합니다. 말이 쉽지, 그 당시 길이 3m짜리 J자 모양의 유리관을 만들고 실험하기가 어디 쉬웠겠습니까. J자 관속 수은으로 갇힌 공간이 수은의 추가에 따라 줄어드는 것을 진공과 입자의 구성으로 설명합니다. 하지만, 아직도 연속설 완전 타도에는 무리가 있습니다. 그냥 찜찜하지만, 농도가 옅어졌다가, 짙

어졌다가, 하니 공간이 늘었다 줄었다 한다고 설명해도 되거니와, 아직 입자의 존재를 증명할 수는 없었으니까요. 하지만 이제는 확연히 비어 있는 공간을 인정하는 추세로 돌아섭니다. 그리고 잠시, 연속설과 입자설의 힘겨루기는 100여 년간 숨 고르기에 들어갑니다.

1	로저 베이컨	1214~1294년	실험적 방법을 강조(근대 과학의 방법론 제시)
2	레오나르도 다빈치	1452~1519년	인체 해부학 및 공학 분야의 선구적 연구
3	니콜라우스 코페르니쿠스	1473~1543년	지동설 주장(태양 중심 우주 체계)
4	안드레아스 베살리우스	1514~1564년	인체 해부를 통한 근대 해부학의 기초 확립
5	갈릴레오 갈릴레이	1564~1642년	지동설 옹호 및 근대 관측 전문학의 기틀 마련
6	요하네스 케플러	1571~1630년	케플러의 법칙 발견(행성 운동 법칙)
7	에반젤리스타 토리첼리	1608~1647년	기압계 발명 및 대기압 개념 정립
8	로버트 보일	1627~1691년	보일의 법칙 확립(기체의 압력-부피 관계)
9	로버트 훅	1635~1703년	현미경으로 '세포(Cell)' 발견 및 훅의 법칙 정립
10	아이작 뉴턴	1643~1727년	만유인력의 법칙 및 운동 3법칙 확립
11	올레 뢰머	1644~1710년	목성 위성 관측을 통해 빛의 속도 최초 측정
12	다니엘 베르누이	1700~1782년	베르누이 원리 확립(유체 역학의 기초)
13	벤저민 프랭클린	1706~1790년	전기 현상 연구 및 피뢰침 발명
14	칼 폰 린네	1707~1778년	생물 분류의 기본 체계인 이명법 창시
15	헨리 캐번디시	1731~1810년	수소(Hydrogen) 발견 및 지구 밀도 측정
16	찰스 드 쿨롱	1736~1806년	쿨롱의 법칙 확립(전하 간의 힘의 법칙)
17	루이지 갈바니	1737~1798년	생체 전기 현상 발견
18	앙투안 라부아지에	1743~1794년	질량 보존의 법칙 확립 및 '화학 혁명' 주도

19	알레산드로 볼타	1745~1827년	최초의 화학 전지인 볼타 전지 발명
20	에드워드 제너	1749~1823년	천연두 백신(종두법) 개발
21	존 돌턴	1766~1844년	현대 원자론 제안
22	아메데오 아보가드로	1776~1856년	분자설 및 아보가드로의 법칙 제시
23	한스 크리스티안 외르스테드	1777~1851년	전류의 자기 작용(전자기 현상) 발견
24	앙드레 마리 앙페르	1775~1836년	앙페르의 법칙 정립(전류의 단위 암페어 기원)
25	마이클 패러데이	1791~1867년	전자기 유도 법칙 발견
26	찰스 다윈	1809~1882년	자연 선택에 의한 진화론 제시
27	제임스 줄	1818~1889년	에너지 보존 법칙의 기초가 된 열의 일당량 측정
28	헤르만 폰 헬름홀츠	1821~1894년	에너지 보존 법칙의 정식화
29	루이 파스퇴르	1822~1895년	저온 살균법 및 질병의 세균 이론 확립
30	그레고어 멘델	1822~1884년	유전 법칙 발견 및 유전학의 아버지
31	제임스 클러크 맥스웰	1831~1879년	맥스웰 방정식 정립(전기와 자기를 통합)
32	드미트리 멘델레예프	1834~1907년	주기율표를 고안하여 원소들을 체계적으로 분류
33	로베르트 코흐	1843~1910년	결핵균 발견(현대 세균학의 아버지)
34	빌헬름 뢴트겐	1845~1923년	X선 발견
35	막스 플랑크	1858~1947년	양자(Quantum) 개념 도입(양자 역학의 창시자)
36	마리 퀴리	1867~1934년	라듐과 폴로늄 발견 및 방사능 연구
37	어니스트 러더퍼드	1871~1937년	원자 핵 발견 및 원자 구조 연구
38	알베르트 아인슈타인	1879~1955년	특수/일반 상대성 이론 정립
39	알렉산더 플레밍	1881~1955년	페니실린 발견
40	닐스 보어	1885~1962년	보어의 원자 모형 제시(양자 이론 발전)

잠시 눈을 돌려 보면, 한쪽에서 입자의 존재를 알아 가는 것 못지않은 중요한 발견이 이루어지고 있음에 화들짝 놀라게 됩니다. 갈릴레오 갈릴레이(1564~1642), 아이작 뉴턴(1643~1727) 등이 열심히 물체의 운동과 힘을 탐구하고 있었으니까요. 정말 16~19세기 유럽은 기막힌 시간이었다고 할 수 있겠네요. 온 세상이 물질과 비물질로 이루어져 있다고 본다면 한쪽에선 물질의 근본인 원자를 알아내고 있고, 한쪽에서는 물질 사이를 메우는 힘과 장(힘이 미치는 공간)을 알아내고 있었던 셈입니다. 14~16세기 문화 운동 르네상스의 여세를 몰아 18세기까지 급진적으로 발전한 과학 그리고 1800년 전후로 산업혁명까지, 동양과 서양의 판세를 완전히 바꾸는 시기였습니다.

드디어 질량 보존 법칙의 주인공 라부아지에를 등장시켜 봅니다. 아직도 상당수가 4원소설을 믿으며 물이 흙으로 변할 수 있다고 생각하던 시기입니다. 물을 오래 끓이면 바닥에 남은 물질이 흙이라는 것이죠. 라부아지에는 실험을 통해 바닥에 남은 물질이 물을 끓이는 데 사용한 용기에서 나온 것이라는 사실을 밝혀냅니다. 라부아지에의 증류 실험 내용을 살펴보면 밀폐된 유리 증류기에 순수한 물을 101일 동안 모래 속에 중탕 가열했다고 하죠. 너무 세게 물을 끓이면 증기압 때문에 폭발할 것임으로 적정한 압력을 유지하기 위해 모래 속에서 적정한 증기만을 만들며 101일 동안 유지했다고 하니 그 끈기와 정교함이 감동적입니다. 실험이 끝나고 물과 유리 증류기 전체의 질량은 변함이 없었으며, 바닥에 생긴 물질은 유리 증류기의 질량이 줄어든 만큼 생졌다는 사실을 알 수 있었습니다. 물이 흙으로 변한 것이 아니었던 것이죠. 유리 증류기, 세밀한 저울 같은 발전된 실험 장치와 실험 천재가 만났으니 가능한 일이었습니다. 이어서 마침내 독창적인 실험을 통해 물에서 수소를 분리해 내었고, 물이 근본 물질 중 하나라는 4원소설을 옛이야기로 만들어 버립니다. 또한, 수은과 숯 등을 수없이 연소시키며 산소가 붙었다 떨어졌다 할 뿐 질량 변화는 없다는 사실까지 밝혀냅니다.

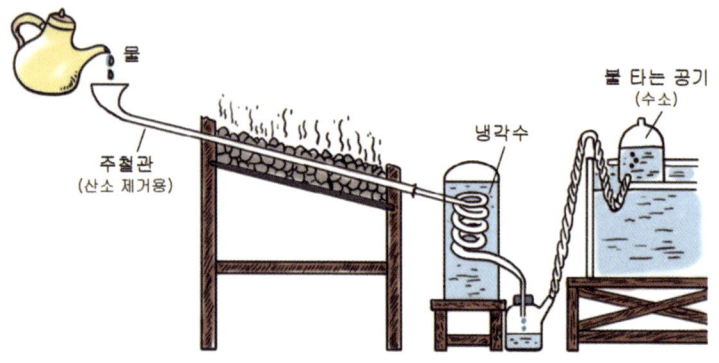

지금의 시각으로 보면 너무도 뻔해 보이는 질량 보존 법칙이 중요한 이유는 라부아지에 이후 과학자들이 화학반응을 연구하면서 플로지스톤[1] 같은 애매한 물질을 고려하지 않게 되었다는 것, 즉 화학변화는

....

1) 플로지스톤은 그리스어 '플록스(불꽃)'에서 유래했음. 연소할 때 물질의 질량이 감소하는 것을 설명하기 위해 물질이 연소할 때 빠져나가는 입자로 플로지스톤을 도입함.

원소 간 조합의 변화라는 점을 밝혔다는 것입니다. 플로지스톤 이론은 연소할 때 물질에서 '불의 원소'가 빠져나간다는 논리로 질량 변화를 설명하려 했지만, 라부아지에의 정밀한 실험이 이 이론의 오류를 결정적으로 입증한 것이죠. 그리고 밑도 끝도 없이 4원소가 4가지 성질과 혼합되어 이리저리 변하는 것이 아니라는 점 또한 확실히 정리했다는 것입니다. 이제는 화학반응에서 원소끼리 어떻게 짝짓기하는지만을 살펴보면 되도록 탄탄대로를 만들었다고 할 수 있겠지요. 그것이 바로 알고 나면 당연해 보이는 질량 보존 법칙의 절대 가볍지 않은 역사적 의의입니다. 이제 펑 나타나고, 펑 사라지는 마법 시대는 가라~

글 중간에 베이컨으로 시작되어 보어로 끝나는 과학자 연대표를 보니 이 글을 그대로 끝내지 못하겠습니다. 잠깐만 옆길로 새는 것을 허락해 주길 바랍니다. 저는 독서 편식이 심한 편입니다. 제가 읽는 책의 10분의 5~6은 과학 분야이고 10분의 3~4는 역사 분야입니다. 역사에도 관심이 많습니다. 특히 제 인생의 화두 중의 하나는 '왜 4대 문명에 있지도 않은 유럽(백인)이 세상의 주도권을 잡게 되었는가?', '15세기까지 앞서가던 중국이 왜 유럽 문명에 역전당하는가?'였습니다. 이 문제를 허심탄회하게 전문가들과 대화하여 해결해 보고자 역사학과 대학원에 진학하기까지 했습니다. 결과는 도움을 크게 받지 못함에 실망하고 자퇴했습니다만…. 학자마다 의견이 다르겠지만 많은 학자가 15세기까지는 중국이 유럽 문명을 앞서 있었다고 봅니다. 근거 중의 하나고 15세기 7차에 걸쳐 아프리카까지 원정을 떠난 명나라 정화의 대

원정을 듭니다. 유럽의 대항해시대보다 70년 이상 앞섰고 규모도 훨씬 클 정도로 중국의 국력이 강했다는 것이죠. 타당하다고 생각합니다. 그런데 이후 르네상스와 산업혁명을 거치며 파격적으로 성장한 유럽 문명과 비교해 중국은 거의 정체되어 있었습니다. 왜 그리되었을까요? 정말 흥미롭고 고민스러운 주제였습니다. 책의 주제와 너무 멀어지니 간단히 정리하겠습니다. 비슷한 고민을 한 분들의 연구와 주장에, 저의 고찰을 합친 결론은 유럽의 분열과 중국의 통일이라는 것입니다. 유럽은 끊임없이 분열하고 경쟁했으나, 중국은 끊임없이 통일과 안정을 추구했다는 것이 승부를 갈랐다는 것이죠.

오른쪽 그림은 1444년의 유럽 중세 지도라고 합니다. 저작권 문제 때문에 모자이크 처리했지만 많은 색깔의 지역이 보입니다. 여러 색깔은 통일되지 않은 국가의 수를 뜻하고 있습니다. 서로를 이기기 위해 또는 잡아먹히지 않기 위해 얼마나 발버둥 쳤을지 상상이 됩니다. 그 방법 중 하나가 바로 뛰어난 과학자 유치와 투자였다고 합니다. 앞에서 보았던 과학자 연대표를 보면 1500년대를 기점으로 수많은 과학자가 줄지어 나타나는 것을 볼 수 있습니다. 유명한 과학자로 추린 것이 저 정도입니다. 아무리 중국 과학사를 모른다고 해도 비할 바가 아닙니다. 이때 벌어진 과학 기술의 격차가 현재 사실상 서구 문명이 세계를 지배하는 결과를 가져왔다고 봅니다. 모르겠습니다. 앞으로의 세계 상황이 분열과 경쟁이 유리할지, 통일과 안정이 유리할지 말입니다. 하지만 확실한 것은 언제나처럼 과학 기술의 우위가 승부를 결정지을 것이라는 점입니다.

원자 찾아 삼만 리

"질량 보존 법칙, 일정 성분비 법칙, 배수비례 법칙, 기체 반응 법칙, 아보가드로 법칙, 뭐가 이렇게 복잡해요?"

"이 많은 법칙이 왜 중요해요?"

기본 지식

- 질량 보존 법칙: 닫힌계에서 화학반응 전후의 총질량이 변하지 않는다.
- 일정 성분비 법칙: 화학반응으로 화합물이 만들어질 때 구성 원소들이 일정한 질량비로 결합한다.
- 배수비례 법칙: 두 원소가 여러 화합물을 만들 때 한 원소의 일정량과 결합하는 다른 원소의 질량 사이에 간단한 정수비가 성립한다.
- 아보가드로 법칙: 같은 온도·압력에서 기체의 부피가 분자 수에 비례한다.

묵은 숙제를 하나 해결해 볼까 합니다. 라부아지에의 질량 보존 법칙 1774년, 프루스트의 일정 성분비 법칙 1799년, 돌턴의 배수비례 법칙 1803년, 게이뤼삭의 기체 반응 법칙 1805년, 아보가드로의 아보가드로 법칙 1811년. 40년도 채 안 되는, 거의 동시대에 굵직한 화학 법

칙들이 쏟아져 나옵니다. 이 법칙들은 모두 한 방향을 향하고 있죠. 과학 역사상 최고의 숙제인 '물질은 무엇으로 구성되어 있는가?' 즉, 물질의 기본 구성단위, 원자와 분자의 정체를 찾아가는 방향입니다. 뉴턴이 1687년에 인류 최고의 서적 중 하나인『프린키피아』를 펴내고 "내가 다른 사람보다 조금이라도 멀리 내다볼 수 있었다면 그것은 내게 거인들의 어깨가 있었기 때문이다."라고 했다지요. 딱 그 비유가 맞는 일이 아닐까 싶습니다. 비록 뉴턴이 얘기했던 거인은 아니었지만, 라부아지에, 프루스트, 돌턴, 게이뤼삭, 아보가드로, 그들도 물질을 구성하는 입자를 알아내기 위하여 서로에게 어깨를 내어 준 셈이니까요. 이들이 어떻게 어깨를 서로에게 내어 주었는지 한 번쯤 정리해 보고자 합니다.

1774년 라부아지에의 질량 보존 법칙을 시작으로 원자와 분자를 알아 가는 과정을 정리해 보겠습니다. 라부아지에는 단순해 보이는 질량 보존 법칙을 통해 화학변화라는 것이 새로운 원소가 생기거나 없어지는 것이 아니니까 원소 간의 조합 변화로 연구하라는 길을 제시해 주었습니다. 질량 보존의 법칙을 접하고 처음 드는 생각은 '화학변화 전·후에 질량이 변하지 않는다.'라는 간단한 생각에 무슨 법칙 대접까지 하는가였죠. 하지만 그렇게 생각하는 것은 공기가 어떻게 구성되어 있는지, 원자·분자·이온 등의 존재가 무엇인지를 알기 때문이지, 그것을 몰랐던 시절엔 충격적인 사실이었을 것입니다. 나무가 타서 재가 되어 가벼워지는데도 질량이 변한 것이 아니라고? 철이나 마그네슘을

태워서 무거워지는데도 질량이 변한 것이 아니라고? 원자의 존재를 정확히 제시할 수는 없었지만, 질량 보존 법칙을 통해 물질의 생성과 소멸이 아닌 여러 종류의 원소들이 이렇게 저렇게 만나서 수많은 물질을 만들고 있다는 것을 알려 준 것이죠.

이어 등장한 프루스트는 1799년에 화학반응으로 화합물이 만들어질 때 구성 원소들이 일정한 질량비로 결합한다는 사실, 일정 성분비 법칙을 알아냅니다. 예를 들면 수소와 산소가 결합하여 물이 만들어질 때 1:8의 질량 비율로 결합한다는 것이죠. 수소 1g으로 물이 만들어질 때 왜 산소 딱 8g이 필요할까요? 수소 0.0001g도 반드시 산소 0.0008g과 만나 물이 됩니다. 어떻게 해석하면 될까요? 제일 쉬운 해석은 산소 알갱이 1개가 수소 알갱이 1개보다 8배가 무겁고, 수소 1개와 산소 1개가 만나서 물이 된다는 설명일 것 같습니다. 아니면 산소 알갱이 1개가 수소 알갱이 1개보다 4배 무거워서 산소 2개와 수소 1개가 만나서 물이 된다고 설명해도 되겠죠. 입자의 존재가 상당히 유력해졌지만, 아직 확신하기에는 충분하지 않습니다. 일정 성분비 법칙의 질량비를 꼭 입자로 해석해야 하는 것은 아니니까요. 빨간 물감 1g과 파란 물감 8g을 섞어 보라색 9g이 만들어지듯이 수소, 산소, 물이 그렇게 만들어졌다고 해도 되지 않나요? 물질을 입자로 해석하기 위해서는 다른 증거가 필요합니다.

이제 1803년 돌턴의 배수비례 법칙을 살펴보죠. 배수비례 법칙은 두 종류의 원소가 화학결합하여 여러 종류의 화합물을 구성할 때, 한 원소의 특정한 질량과 결합하는 다른 원소의 질량비가 항상 정수비로 나타나더라는 말입니다. 쉽게 말하면 A와 B가 여러 비율로 결합할 때, A 1g과 결합하는 B의 질량이 1.1g, 1.2g, 1.3g, … 같은 소수점은 안 되고, 1g, 2g, 3g, 4g, …만 된다. 즉, A:B는 1:1, 1:2, 1:3, 1:4, … 정수 비율로만 결합하더라는 말이죠.

예를 들면 더 쉽게 이해됩니다. 탄소와 산소가 결합할 때 탄소 3g은 산소 4g과 결합하고, 탄소 4.5g은 산소 6g과 결합하여 질량비 3:4가 성립합니다(일정 성분비 법칙). 그런데 탄소 3g은 산소 4g의 두 배인 8g과도 결합하죠. 즉, 질량비 3:8로도 반응한다는 말입니다. 3:5, 3:6은 안 되는데 왜 산소 4g의 두 배인 8g과는 반응이 일어날까요? 질소와 산소가 반응할 때도 마찬가지입니다. 질소 대 산소가 7:8의 질량비로 결합하지만, 산소가 2배인 7:16의 질량비로 결합하기도 하죠. 7:9, 7:10, …은 결합할 수 없습니다. 이젠 옛날부터 일부 학자들 사이에서 얘기되어 오던 알갱이를 소환할 수밖에 없습니다. 세상에 모든 물질은 입자로 이루어진 것 아닌가? 바로 산소 4g이 알갱이 1개이고, 8g은 알갱이 2개인 것으로 해석하는 방식이죠. 그렇다고 실제 산소 원자 1개가 4g이나 된다는 얘기가 아닙니다. 단지 편안하게 이해하기 위해서 단위를 붙였을 뿐입니다.

탄소와 산소가 3:4의 질량비로 결합한다고 했으니 탄소 알갱이 1개와 그보다 4/3배 무거운 산소 알갱이 1개가 결합하여 일산화탄소가 된 것이고, 탄소 알갱이 1개와 그보다 4/3배 무거운 산소 알갱이 2개가 결합하여 이산화탄소가 된 것으로 해석하면 배수비례 법칙이 쉽게 이해됩니다.

　수소와 산소의 반응도 마찬가지입니다. 수소와 산소는 결합하여 물이 될 수도 있고, 과산화수소가 될 수도 있죠. 수소와 산소는 질량비가 1:8로 결합하면 물이 됩니다. 그러나 1:16으로 결합할 수 있고, 그때는 과산화수소가 만들어지죠. 역시 수소 알갱이 1개보다 8배 무거운 산소 알갱이 1개가 결합하여 물이 된 것이고, 수소 알갱이 1개보다 8배 무거운 산소 알갱이 2개가 결합하여 과산화수소가 된 것으로 해석하면 실험 결과와 딱 맞아떨어집니다. 아래 그림은 실제 사실이 아닙니다. 돌턴 시절에 이렇게 생각할 수 있었겠다는 그림이죠.

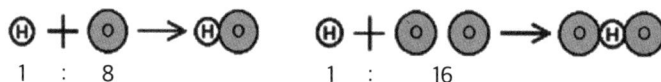

　돌턴은 이제 원자의 존재를 정의한 원자론을 제대로 주장할 수 있습니다. 드디어 기원전 400년경, 그러니까 2,000년도 전에 데모크리토스에 의해 제기된 원자의 존재가 널리 인정받기 시작할 때가 된 것입니

다. 진정으로 축하받아 마땅하죠. 이건 하나의 법칙 수준이 아닙니다. 세상의 모~든 물질이 무엇으로 이루어져 있는지 근본적인 물음에 대한 해답이기 때문이죠. 과학과 철학의 정수라고까지 표현하면 지나칠까요? 이건 기원전 고대 그리스 자연과학자이자 철학자들도 궁금해하던 문제였으니까요. 그런데 돌턴의 기쁨에 찬물을 끼얹는 연구가 나타났습니다.

  1805년, 게이뤼삭은 기체 반응 법칙을 발표합니다. 기체 상태의 원소들이 반응하여 화합물을 만들 때, 반응 기체 사이에 일정한 부피비가 성립한다는 것입니다. 예를 들면 수소 2부피와 산소 1부피가 만나서 수증기 2부피가 만들어진다는 사실을 확인한 거죠. 수소:산소:수증기의 반응 부피비가 2:1:2입니다. 이건 좀 이상합니다. 원래 수소와 산소의 반응을 질량 보존 법칙, 일정 성분비 법칙, 원자론을 통해 기체 반응을 해석해 보면 아래와 같은 모형으로 나타내야 하거든요.

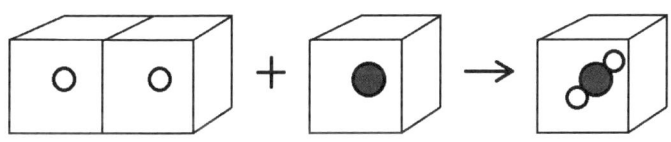

  그런데 게이뤼삭의 실험 결과는 수증기가 2부피로 나옵니다. 그렇다면 아래와 같이 해석해야 하죠.

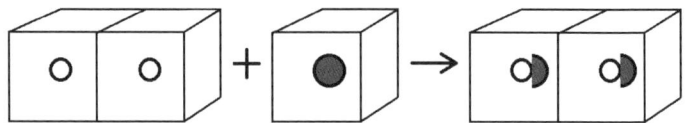

　돌턴으로서는 산소 원자 하나가 쪼개지는 것처럼 보일 수밖에 없는 상황입니다. 이는 원자는 최소단위이고, 쪼개질 수 없다는 자신의 원자론에 정면으로 배치되는 것처럼 느껴졌겠지요. 기껏 물질을 쪼개고 쪼개어 더는 쪼개지지 않는 최소단위 입자, 원자를 찾았다고 주장하려는데 이게 또 쪼개진다고 말할 수는 없는 노릇입니다.

　이 모순을 기막힌 아이디어로 해결한 사람이 바로 아보가드로 법칙의 아메데오 아보가드로(1776~1856)입니다. 그는 원자 말고 또 다른 존재를 예견합니다. 아보가드로는 온도가 일정한 조건에서 기체의 압력과 부피의 곱이 일정하다($P_1V_2 = P_2V_2 = P_3V_3 = \cdots$)는 보일의 법칙을 발전시켜, 일정한 부피 속에 기체의 종류와 관계없이 기체의 압력이 같은 것이라고 보았습니다. 온도가 일정한 상태에서 같은 부피 속에 압력이 같아지려면, 입자의 크기나 질량에 상관없이 같은 수의 입자가 있어야 한다는 유명한 아보가드로의 가설을 1811년에 주장했죠. 다시 말해, 같은 온도일 때, 같은 부피 속에는 세상에서 가장 가벼운 수소 기체의 입자 수와 가장 무거운(100배 이상) 라돈 기체의 입자 수가 각각 같을 것이라는 말이 되겠죠. 이 가설은 실험으로 증명하기 어려웠기에 당시 화학자들에게는 외면받았다고 합니다.

다시 원자론의 돌턴으로 돌아가 보죠. 돌턴은 기체 반응 법칙의 실험 결과인 수소:산소:수증기의 부피비가 2:1:2로 나오는 것을, 자신의 원자론이 지켜지는 방식으로 아래와 같이 설명합니다.

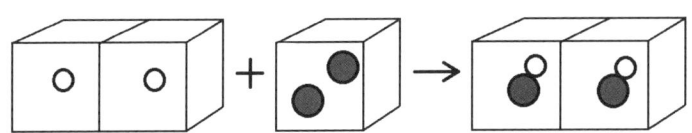

위 그림에서 가운데 산소가 양쪽 수소, 물과는 다르게 같은 크기의 공간에 2개가 들어 있습니다. 아보가드로 입장에서는 이건 같은 부피 속에 같은 수의 입자가 있어야 한다는 본인의 가설에 어긋나죠. 그래서 기막힌 아이디어를 내는데, 바로 원자가 혼자 있는 것이 아니라 몇 개씩 붙어 있는 것이 아니겠냐는 분자 개념을 제시하게 됩니다. (분자 속의 원자가 몇 °의 각도로, 어떤 순서로, 어떤 모양으로 배열되는지에 대한 개념은 100년도 더 지나서 나옵니다.)

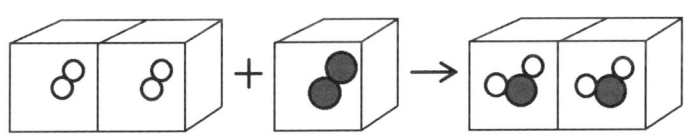

위의 모형은 기체의 종류와 관계없이 같은 부피 속에 같은 수의 입

자가 들어 있다는 본인의 가설뿐만 아니라 돌턴의 원자론에도 어긋나지 않습니다. 원자가 붙어 있는 분자도 입자이자, 알갱이니까요. 같은 부피 속에 같은 수의 입자, 깨어질 수 있는 입자인 분자가 1개씩 들어 있으며, 기체 반응 법칙의 부피비와도 일치하죠. 안타깝게도 아보가드로의 이런 분자 개념은 살아생전에 인정받지 못합니다. 1856년, 아보가드로 사망 후 몇 년이 흘러서 1860년에 이탈리아 화학자 스타니슬라오 카니차로(1826~1910)의 연구 발표로 분자 개념이 보편적으로 받아들여지게 되죠. 멘델[1], 베게너[2]와 더불어 아보가드로도 너무 시대를 앞서 나간 과학자의 슬픈 명예를 가지게 되었답니다.

이렇게 고대 그리스 때부터 의문을 가졌던 세상의 물질은 무엇으로 이루어져 있는가에 대한 대답을 얻기 위한 과정을 정리해 보았습니다. 이 시기를 계기로 2000년이 넘게 신봉됐던 아리스토텔레스의 4원소설, 그리고 그 생각을 기반으로 활동했던 수많은 연금술사는 역사 속으로 사라집니다. 대과학자 뉴턴마저 말년에 빠져들었던 연금술이 판타지 영화 속 마법사의 모습으로나 볼 수 있는 신세가 된 것입니다. 라부아지에의 질량 보존 법칙이 알려졌던 1774년부터 1803년 돌턴의 원자론을 지나 아보가드로의 분자 개념이 등장한 1811년까지의 약 40년은 격동의 시대였습니다. 과학사 전공은 아니지만 이렇게 짧은 시간

....

1) 1865년 유전 법칙을 발표하였으나 주목받지 못하고, 사후 1900년에 다른 과학자들이 재발견하며 가치를 인정받음.
2) 1915년 대륙이동설을 주장하였으나 인정받지 못하다가, 사후 1950년대에 여러 발전된 기술과 연구로 대륙 이동이 증명됨.

동안 과학자들끼리 서로에게 영향을 주고받으며, 인류 역사에 가장 큰 획 중 하나를 그었던 사례도 드물지 않나 싶습니다. 물론 단 40여 년 만에 4원소설이 깨지고 원자, 분자 개념이 탄생한 것은 아닙니다. 예를 들면, 진공의 존재와 공기가 하나의 물질이 아니라는 것을 알아낸 로버트 보일 같은 선배 과학자의 연구가 있었고, 그것을 바탕으로 라부아지에, 아보가드로 등의 탐구가 진행되었다고 봐야겠지요. 40년은 단지, 짧은 시간에 극적인 인식 변화가 있었음을 강조하고 싶었을 뿐입니다.

이 단원을 학생들에게 설명할 때마다 나름대로 최선을 다해 이런 극적 전개와 전율을 전달해 봅니다만, 얘기하는 사람 혼자 전율을 느끼고 있음에 허탈한 경우가 다반사입니다. 그래도 이 단원을 설명할 때면 매번 흥분되는 것을 어쩔 수 없습니다. 원시적인 실험도구와 서로의 지성으로 인류 최고의 발견을 이루어 가는 과정을 얘기하면서 어찌 흥분되지 않겠습니까. 지금의 과학 기술로도 보기 힘든 원자, 분자입니다. 원자, 분자의 발견과 연구에 어깨를 제공한 거인들에게 부러움과 존경을 담아서 열렬한 박수를 보냅니다.

⑧ 색즉시공 공즉시색

❓ "원자 속은 다 비어 있는 건가요?"

"거의 비어 있는 원자로 이루어진 물체가 어떻게 모양을 유지하죠?"

기본 지식

원자의 기본 형태는 구로 볼 수 있으며, 중앙에 +전하인 원자핵이 있고 그 주위를 -전하인 전자가 돌고 있는 형태이다. 제일 작은 수소 원자의 크기는 약 10^{-10}m 정도이고, 원자핵은 10^{-15}m 정도의 크기로 본다. 전자는 너무 작아서 크기가 없는 것으로 취급한다.

세상에서 가장 똑똑한 사람들이 제일 궁금해했던 것은 무엇일까요? 여러 가지가 있겠지만 멋진 과학자 리처드 파인만[1]의 유명한 말을 통해 추정해 보고 싶습니다. "다음 세대에 물려줄 과학지식으로 단 한 문장만 남겨야 한다면, '모든 물질은 원자로 이루어져 있다'라는 것이다."

그리스 과학자들의 기록이 등장하는 기원전 7세기부터 과학은 세상

----

1) 아인슈타인처럼 이론물리학자로서 1965년 양자역학 관련하여 노벨물리학상을 수상함. 많은 집필과 유쾌한 강연으로 과학 대중화의 이바지함.

이 무엇으로 이루어져 있는지에 대한 고민과 함께 성장해 왔다고 볼 수가 있겠죠. 결국, 19세기에 원자의 존재를 알아내기까지 수많은 과학자의 뇌 용량을 원자가 잡아먹은 것입니다. 심지어 지금까지도 원자에 관해 연구하는 것이 과학의 사명처럼 되어 있다고 생각하면 지나칠까요? 수천 년의 시간과 가늠하기 힘들 만큼 많은 돈을 들여서 원자의 존재를 알아냈고, 이어서 원자의 구조를 알아냈으며, 원자 속 원자핵과 전자의 존재까지 알아냈습니다. 그러나 원자핵은 물질의 근본 입자가 아니었습니다. 원자핵은 다시 양성자와 중성자로 이루어졌다는 것을 알아냈거든요. 헉! 그것도 끝이 아니었습니다. 양성자, 중성자는 더 작은 소립자인 '쿼크'들로 이루어져 있습니다. 현재까지 쿼크는 물질을 구성하는 가장 기본적인 입자로 알려졌지요. 이젠 끝일까요? 그나저나 왜 이렇게 원자를 알고 싶어서 난리일까요?

전 이렇게 생각합니다. 질문의 근본적인 해답은 결국 원자를 통해 설명할 수 있기 때문이라고요. 아이와 밤하늘을 보면서 산책하고 있는데 별똥별이 보였다고 한번 가정해 봅니다. 아이의 질문으로부터 정겨운 대화가 시작됩니다.

아이 : "저거 뭐예요?"
부모 : "하늘에서 돌멩이 같은 게 떨어지면서 불타는 것이란다."
(그런데 질문이 어느 방향으로 튈지 모르겠습니다. 1번 질문, '왜 떨어지냐?', 2번 질문, '어디서 떨어지냐?', 3번 질문, '돌멩

이 같은 게 왜 하늘에 있냐?', 4번 질문, '왜 불타나?', 등등. 아무튼. 질문 많은 이 아이는 장래가 촉망되는 거로···. 4번 질문으로 선택해 보겠습니다.)

아이 : "왜 불타는데요?"

부모 : "공기와 빠르게 부딪히면 뜨거워져서 그렇지."

아이 : "부딪히면 왜 뜨거워져요?"

부모 : "움직이는 힘은 뜨거움으로 바뀔 수 있거든. 마치 손뼉을 계속 치면 손바닥에 열이 나는 것처럼 말이야."

아이 : "그럼 뜨거워지면 왜 저렇게 밝게 빛나요?"

부모 : _____

    이 장래가 촉망되는 아이에게 □ 안에 뭐라고 답해야 할까요? 불이 밝은 것은 당연하다고 받아들이지만 왜 그런지 설명하려면 생각보다 만만치 않습니다. 뜨거운 물체가 온도에 따라 빛이 나는 것은 무엇으로 설명해야 할까요? 이걸 설명하려면 원자의 구조를 알아야 합니다. 아이가 알아듣게 설명할 수 있을지는 부모의 능력에 맡깁니다. 이처럼 현상에 관한 질문의, 질문의, 질문의, 근본적인 대답은 결국 원자에서 찾게 될 것입니다. 그러니 파인만이 원자의 존재를 최고의 지식으로 얘기한 것에 관하여 많은 사람이 공감하는 것이죠.

    그런 측면에서 물질을 이루는 기본 단위 입자인 원자에 대해 알아보겠습니다. 기록상 최초로 원자의 존재를 예견한 것은 기원전 약 400

년 전 사람인 그리스의 데모크리토스로 알려져 있습니다. 물체를 쪼개고 쪼개다 보면 영원히 쪼개지는 것이 아니라, 더는 쪼개지지 않는 입자가 있을 것으로 생각했다지요. 그래서 원자 'atom'이라는 단어도 그리스어로 '쪼갤 수 없는'이라는 뜻의 '아토모스 atomos'에서 유래된 말이라고 합니다. 하지만 원자의 존재가 세상에 확실히 드러난 것은 그리 오래되지 않았습니다. 데모크리토스가 죽고도 2,000년이 훨씬 지난 1800년대에 들어서야 원자가 증명되고 구조가 밝혀지기 시작합니다. 원자의 존재와 구조를 알아내기 위해 로버트 보일, 앙투안 라부아지에, 조세프 루이 프루스트, 아메데오 아보가드로, 존 돌턴, 조세프 루이 게이뤼삭, J. J.톰슨, 어니스트 러더퍼드, 닐스 보어 등과 심지어는 알베르트 아인슈타인까지, 교과서에 등장하는 쟁쟁한 과학자들이 대거 동원됩니다. 세상이 무엇으로 이루어져 있는지 알아내는 것은 그만큼 중요한 일이었던 것이죠.

이제 원자의 구조를 알아보겠습니다. 가장 간단한 원자인 수소를 기준으로 얘기하면, 원자는 약 1×10^{-10}m 지름을 가졌고 그 안에 원자핵은 약 1×10^{-15}m 지름의 구 형태로 한가운데 존재합니다. 원자핵 지름은 원자 지름의 약 10만 분의 1에 불과한데, 이는 부피로 따지면 무려 1,000조분의 1인 셈입니다. 백분율로 보면 원자 속에 원자핵이 차지하는 부피는 0.0000000000001%인 것이죠. 출처마다 조금씩 다를지라도 대략 그렇습니다. 원자와 원자핵의 크기 차이가 워낙 크다 보니, 보통 원자 속에 원자핵을 운동장에 떨어진 모래알로 비유하기도 하지요. 그러면 원자 속 또 하나의 주인공 전자는 얼마만 한 크기일까요? 물리학에서는 전자를 부피가 없는 점 입자로 보기에 전자는 크기가 없는 것으로 치부합니다. 대신 전자의 질량은 가장 가벼운 수소의 원자핵보다도 약 2,000분의 1 정도 된다고 하네요. 질량은 있는데 부피는 없는 것으로 치는 게 좀 이상하죠? 그건 전자가 멈춰 있는 것이 아니라 어마어마한 속도로 움직이고 있기 때문입니다. 따라서 특정한 공간을 차지한다고 보는 것이 무의미하죠. 엄밀히 말하면 부피가 있겠지만 부피를 무시해도 문제가 없습니다.

이런 사실을 놓고 볼 때, 점 입자로 취급하는 전자를 제외한다면 구 모양의 원자 속에는 0.0000000000001%의 원자핵을 제외한 나머지 공간은 비어 있는 셈이죠. 원자의 99.999999999999%가 비어 있다는

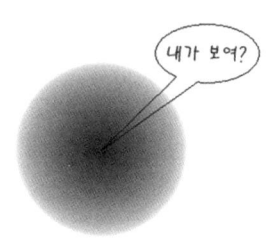

말입니다. 지구만 한 공간에 커다란 크기의 빌딩 정도 되는 공간을 빼고는 다 비어 있다는 것이죠. 더군다나 원자핵도 꽉 차 있는 것이 아니라면? …. 이 정도면 원자 안에 뭐가 있다고 하기에 아주 민망할 정도 아닌가요? 그렇다면 원자는 어떻게 표현해야 할까요? 원자를 동그라미로 그리고, 보이지 않을 아주 조그만 점을 찍었다고 우기면 되겠습니다.

여러분은 서유기, 삼장법사, 팔만대장경 하면 공통으로 생각나는 것이 무엇인가요? 너무 어렵겠네요. 정답은 바로 불교에서 가장 유명한

질문 더하기 과학 수업

불경 중 하나인『반야심경』이라는 것입니다. 뜬금없이 웬 불교 얘기냐고요? 반야심경의 구절을 듣고, 원자 생각이 나서 '참 재밌네' 싶었던 적이 있었는데, 그 사연을 얘기하려고 합니다. 손오공이 나오는 소설『서유기』의 모델이 된 삼장법사 현장 스님이 인도에서 얻어 왔다는『마하반야바라밀다심경』의 요약본이 반야심경입니다. 절에 갔을 때 스님들이 뭐라 뭐라 암송하는 것 중에 가장 유명하지요. 해인사에 있는『팔만대장경』에도 새겨져 있습니다.

마하반야바라밀다심경
(摩訶般若波羅蜜多心經)

관자재보살 행심반야바라밀다 시 조견오온개공 도일체고액
觀自在菩薩 行深般若波羅蜜多 時 照見五蘊皆空 度一切苦厄

사리자 색불이공 공불이색 색즉시공 공즉시색 수상행식
舍利子 色不異空 空不異色 色卽是空 空卽是色 受想行識

역부여시 사리자 시제법공상 불생불멸 불구부정 부증불
亦復如是 舍利子 是諸法空相 不生不滅 不垢不淨 不增不

감 시고 공중무색 무수상행식 무안이비설신의 무색성향
減 是故 空中無色 無受想行識 無眼耳鼻舌身意 無色聲香

미촉법 무안계 내지 무의식계 무무명 역무무명진 내지
味觸法 無眼界 乃至 無意識界 無無明 亦無無明盡 乃至

무노사 역무노사진 무고집멸도 무지역무득 이무소득고
無老死 亦無老死盡 無苦集滅道 無智亦無得 以無所得故

보리살타 의반야바라밀다 고심무가애 무가애고 무유공포
菩提薩陀 依般若波羅蜜多 故心無罣碍 無罣碍故 無有恐怖

원리전도몽상 구경열반 삼세제불 의반야바라밀다고 득아
遠離顚倒夢想 究竟涅槃 三世諸佛 依般若波羅蜜多故 得阿

녹다라삼약삼보리 고지반야바라밀다 시대신주 시대명주
耨多羅三藐三菩提 故知般若波羅蜜多 是大神呪 是大明呪

시무상주 시무등등주 능제일체고 진실불허 고설반야바라
是無上呪 是無等等呪 能除一切苦 眞實不虛 故說般若波羅

밀다주 즉설주왈
蜜多呪 卽說呪曰

아제 아제 바라아제 바라승아제 모지 사바하
揭諦 揭諦 波羅揭諦 波羅僧揭諦 菩提 婆婆訶

반야심경은 불교에서 지혜를 얻어 부처가 되게 하는 불경으로 '마하반야바라밀다심경 관자재보살…'로 시작해서 270자로 짧게 끝납니다. 한참 종교를 공부할 때 재미 삼아 외운 적도 있지요. 반야심경의 핵심 구절을 찾으라 한다면 '색즉시공 공즉시색(色卽是空 空卽是色)'이 될 겁니다. '존재(色)가 빈(空) 것이요, 빈(空) 것이 존재(色)가 있는 것이다.' 즈음으로 번역할 수 있겠네요. 어떤가요? 원자를 얘기하는 것 같지 않나요? 모든 물질은 원자의 집합입니다. 하지만 그 원자는 거의 비어 있습니다. 따라서 '색즉시공(色卽是空)', 물질로 꽉 차 있는 지구가 사실은 거의 비어 있는 셈이죠. 그렇다면 우주는 어떨까요? 우주의 탄생을 설명하는 가장 유력한 학설인 빅뱅 이론에 의하면 이 넓은 우주가 한 점에서 폭발하여 커지고 있다지요. 빅뱅이 대충 무슨 말인지는 알겠지만, 지름이 930억 광년쯤 되는 우주가 한 점에서 출발했다는 게 사실 믿기지 않습니다. 하지만 원자의 구조를 생각하면 그나마 우주가 한 점에서 시작했다는 말에 아주 조금 믿음이 생기기도 합니다.

'공즉시색(空卽是色)', 빈 것이 빈 것이 아니라는 말인데, 말장난 같지만, 이것도 원자의 구조에 잘 어울리는 표현입니다. 원자 속에는 엄밀히 말하면 원자핵과 전자만 있는 것이 아닙니다. 물질만 따지면 그렇지만, 물질이 아닌 것까지 생각하면 그야말로 빈 곳 하나 없이 꽉 차 있죠. 바로 힘과 에너지입니다. 원자핵은 +전하로서 -전하인 전자를

질문 더하기 과학 수업

당기고, 전자는 끌려들어 가지 않기 위해 엄청난 속력[2]으로 회전하며 원심력을 만들어 전기력에 대항합니다. 그 힘의 균형으로 원자의 크기를 유지하죠. 비어 있는 듯 보이는 원자는 사실 엄청난 크기의 힘과 에너지로 꽉 찬 공간입니다. '색즉시공 공즉시색'. 2,500년 전의 부처님이 설마 원자의 구조를 알고 얘기했을 리는 없겠지만, 교묘하게 맞아떨어지는 듯하여 신기함과 재미가 느껴집니다.

마지막으로 아이들이 좋아하는 밸런스 게임을 해 볼까요? 어떤 것이 공부할 것이 많을까요. '원자핵과 전자를 공부하는 것' vs '원자핵과 전자 사이를 메우고 있는 힘과 에너지를 공부하는 것'. 꼭 원자핵과 전자를 공부하는 것은 화학을 얘기하는 것 같고, 원자핵과 전자 사이를 메우고 있는 힘과 에너지를 공부하는 것은 물리학을 얘기하는 것 같습니다. 고민이 되는 문제이지만 전 물리학이 전공이니 물리학에 손을 들어 주는 것으로.

....

2) 원자 속의 전자가 빛의 속도로 움직인다고 생각하는 사람이 많은데, 원소의 종류, 전자의 위치 등에 따라 속도가 다양하지만 빨라도 빛의 속도에 근접하지는 않음. 예를 들면 자연 상태의 가장 무거운 우라늄 원자의 핵은 가장 세게 전자를 당길 것이고, 많은 전자 중 가장 핵에 가까운 전자가 핵에 끌려가지 않기 위해서 가장 빠르게 움직일 것임. 그 전자도 $2 \times 10^8 m/s$의 속도로 광속의 66%밖에 되지 않음.

? **"1N는 어느 정도 힘인가요?"**

"무게를 구할 때 질량에다가 왜 하필 9.8을 곱해요?"

기본 지식

힘은 물체의 모양이나 운동 상태를 변화시키는 원인이다. 움직이는 물체에 힘을 가하지 않으면 속력이 일정한 등속운동을 하게 되고, 물체에 일정한 힘을 계속 가하면 속력이 일정하게 증가하는 등가속도운동을 하게 된다.

　매년 학생들에게 반복되는 잔소리 중의 하나가 "단위 좀 써라"라는 말입니다. 수학에서 1은 어디서나 항상 1이지만, 과학에서는 1 뒤에 뭐가 붙는가에 따라 전혀 다른 값이 된다고 추가 잔소리를 날리지요. 실제로 그렇습니다. 1kg과 1m의 차이점은 1kg과 2kg의 차이보다도 훨씬 큽니다. 1 다음에 놓이는 단위가 무엇이냐에 따라 1과 2는 비교도 안 될 정도로 완전히 다른 것이 되는 거죠. 따라서 답으로 단위를 쓰지 않으면 오답 처리하겠다고 협박하는 것이 타당하다고 생각합니

다. 항상 감점 정도에서 타협하는 마음 약한 교사이긴 하지만요.

kg(킬로그램), m(미터), s(초)와 같이 오래전에 정의된 기본 단위[1]가 아닌, 이론에 따라 만들어진 개념을 정량화할 때는 새로운 단위(유도 단위)를 붙입니다. 1J, 1W, 1V 같은 것들이지요. 해당 개념을 정리하면서 아주 큰 공헌을 한 과학자의 이름 첫 글자(또는 두 글자)를 단위로 쓰고, 읽을 때는 과학자 이름을 그대로 읽습니다.

단위	읽기	의미	과학자와 업적
J	줄	에너지, 일	제임스 줄(James Prescott Joule, 1818~1889), 에너지보존 법칙, 열역학 법칙을 발견
W	와트	전력, 일률	제임스 와트(James Watt, 1736~1819), 증기기관 발명
V	볼트	전압	알레산드로 볼타(Alessandro Volta, 1745~1827), 최초의 화학 전지 발명
Ω	옴	저항	옴(Georg Simon Ohm, 1789~1854), 옴의 법칙 발견
Pa	파스칼	압력	블레즈 파스칼(Blaise Pascal, 1623~1662), 유체역학 발전
F	패러드	축전지 정전용량	마이클 패러데이(Michael Faraday, 1791~1867), 전자기학 발전
T	테슬라	자속밀도	니콜라 테슬라(Nikola Tesla, 1856~1943), 전자기학 발전

....

1) SI 기본 단위: 국제단위계로서 s(초), m(미터), kg(킬로그램), A(암페어), K(켈빈), mol(몰), cd(칸델라) 등 7개가 기본 단위로 정해져 있음. ― 위키백과.

| Hz | 헤르츠 | 진동수 | 하인리히 헤르츠(Heinrich Hertz, 1857~1894), 전자기파 연구 |
| C | 쿨롱 | 전하량 | 쿨롱(Charles-Augustin de Coulomb, 1736~1806), 쿨롱의 법칙 발견 |

당연히 제일 먼저 나와야 할 단위 하나가 빠졌습니다. 이번 글의 주인공인 'N'입니다. 별다른 설명이 필요 없을 정도로 유명하고도 유명한 아이작 뉴턴의 업적을 기리기 위하여 힘의 단위에 사용합니다. 물리학 측면에서 힘보다 중요한 개념이 있을까 싶습니다. 온 세상은 힘의 균형으로 존재한다고 말하면 과장일까요? 모든 물질의 형태를 이루는 것, 정지 또는 움직이는 것, 하물며 물질의 기본 입자인 원자나 우주의 형상마저도 '힘'에 의한 것이니 과장은 아닐 듯합니다. 그래서 중학교 교과서에서의 물리, 고등학교 교과서에서의 물리, 대학에서 배우는 일반물리학에서 제일 먼저 힘을 다룹니다.

저도 물리를 중학교, 고등학교에서 어렵게만 느끼고 선생님을 제물포(재 때문에 물리 포기)라고 부르는 데 동참했던 학생이다가, 대학에 들어가서 세상에 존재하는 4가지 기본 힘을 공부하며 뒤늦게 물리에 관심을 가지기 시작했습니다. 힘을 모르고는 물리를 시작할 수 없는 겁니다. 그런데 정말 부끄럽게도 힘을 꽤 오래 공부하면서 1N을 어떻게 정의하는지에 대한 것은 학생을 가르치기 위해 수업 준비를 하면서입니다. 중학교, 고등학교, 대학 물리, 임용고시 공부할 때조차 1N이 어떻게 정의되는지 관심을 둔 기억이 없습니다. 이런 걸 수박 겉핥기

식 공부라고 하겠죠? 중년의 과학 교사 관점에서 아이들에게 1N을 제대로 이해시킨다는 것은 수학에서 인수분해를 가르치는 것만큼 중요하다고 생각합니다.

1kg의 질량을 1,000mL짜리 우유와 빗대어 가늠하듯, 1m를 큰 걸음한 폭으로 가늠하듯, 1N 힘의 크기를 가늠하는 것은 간단합니다. 수업에서는 중력으로 1N의 크기를 가늠시키곤 합니다. 교실에서 흔하게 책상 위에 올려져 있는 200mL짜리 작은 우유 1팩을 들어 올릴 때 사용하는 힘이 약 2N이니 1N은 그리 큰 힘이 아니라고 말이죠. 1N 힘의 크기를 가늠하기는 쉬운데 1N 힘의 정의는 쉽지가 않습니다. 단위를 정의할 때는 그 크기가 상황에 따라 변하면 안 됩니다. 이것을 이해하기 위해서는 1m가 어떻게 정의되는지 알면 좋을 듯합니다. 1889년 외부 영향이 적도록 만들어진 백금 90%, 이리듐[2] 10% 합금의 특정한 길이 1m는, 1983년 빛이 진공에서 2억 9,979만 2,458분의 1초 동안 진행하는 거리로 수정하여 정의됩니다. 합금으로 만들어진 1m 원기는 아주 조금이라도 변할 수 있지만, 빛의 속도는 물리학에서 변하지 않는 상수이기에 영원한 약속으로서의 가치가 있다는 것이죠. 1초[3], 1kg[4]도 비슷한 상황을 겪고 각각 세슘-133의 진동수, 플랑크 상수를 기준으로

....

2) 금을 녹이기 위해 사용되는 왕수(질산과 염산의 혼합물)에도 녹지 않을 정도로 아주 강한 내부식성, 내화학성을 가진 금속임.

3) 세슘-133 원자가 91억 9,263만 1,770번 진동하는 데 걸리는 시간으로 정의함.

4) 플랑크 상수(h=6.62607015×10^{-34} J·s)가 되도록 하는 질량값으로 정의되며, 미터와 초를 이용해 환산함.

정의가 수정됩니다.

　그러고 보니 1m, 1kg 같은 기본 난위보다 1N을 정의하기가 훨씬 쉽습니다. 1N은 변할 것을 걱정해야 하는 '물질'로 정의된 것이 아니니까요. 1N은 1kg의 질량을 가진 물체를 1초마다 1m/s씩 속력을 증가시키는 힘으로 정의합니다. 즉, 물체의 운동을 통해 정의합니다. 어려운 말은 하나도 없는데 보편적인 중학교 아이들은 참 이해하기 어려워합니다. 마찰력, 저항력이 엄연하게 존재하는 현실에서는 1N으로 물체에 힘을 주어도 속력을 일정하게 증가시키기 어려울 때가 대부분입니다. 주고자 하는 1N 말고도 다른 힘들이 몰래 작용하기 때문입니다. 하지만 중력마저도 거의 없는 우주 공간에서 어떤 물체에 일정한 힘을 주었다고 생각해 봅니다. 정지한 물체에 힘 F를 순간적으로 톡 주었다면 아무런 마찰이나 저항이 없으므로 영원히 한 방향, 한 속력으로 움직일 것입니다. 그렇게 저항받지 않고 움직이는 물체를 뒤따라가며 다시 F의 힘으로 톡 밀면 어떻게 될까요? 더 빨라지겠지요? 같은 F로 두 번째 밀었으니 2배 빨라지겠지요. 또 물체를 따라가면서 F의 힘으로 톡 밀면 3배 빨라지겠지요? 또 따라가면서 톡, 톡, 톡. [그림 1] 만약에 F'의 힘으로 톡톡 치는 시간 간격을 짧게 하면 어떻게 될까요? [그림 2] 그럼, 이번에는 물체를 따라가면서 톡톡 치는 시간 간격을 극단적으로 짧게 하면 어떻게 될까요? 결국, 힘을 꾸준히 쭉 주는 셈이 되고 속력이 꾸준하게 증가하는 운동이 됩니다. [그림 3] 가해 준 힘이 오로지 속력을 증가시키는 데만 쓰이는 거죠. 이런 원리를 적용하여 1kg의 질량을 가진 물체를 1초당 1m/s씩 속력이 증가시키는 힘을 1N이라고 정의하게 됩니다.

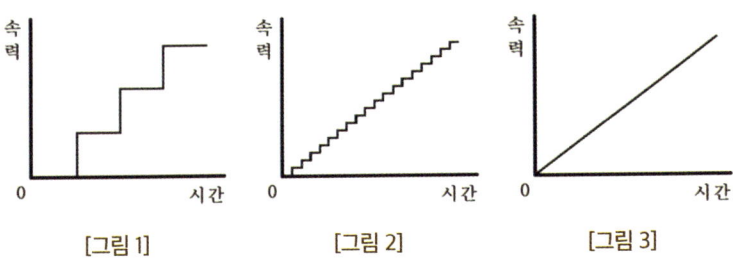

[그림 1]   [그림 2]   [그림 3]

　　지구에서 작용하는 중력은 공기의 저항이나 마찰이 없다는 조건에서 물체를 1초당 9.8m/s씩 속력을 증가시킵니다. 엄청난 것이죠. 옥상에 올라가서 구슬을 떨어뜨리면 1초 후에는 초당 거의 10m를 날아가는 구슬이 되는 셈이고, 10초 후에는 초당 거의 100m를 날아가며, 약 35초 후에는 음속을 돌파하는 구슬이 됩니다. 물론 현실에서는 공기 저항 때문에 불가능하지요. 만약 공기 저항이 없이 빗방울이 떨어진다고 가정해 볼까요? 구름의 형태와 강수 형태에 따라 조금씩 다르지만, 빗방울이 본격적으로 낙하하기 시작하는 위치는 대략 높이 2km 정도로 봅니다. 위치 에너지(E_p)와 운동 에너지(E_K) 공식, 역학적 에너지 보존의 법칙을 이용하면 간단하게 빗방울이 지면에 도착할 때의 속력이 구해집니다. 저항 없이 빗방울이 지면에 도착할 때쯤엔 약 198m/s의 속력이 됩니다. 음속의 약 60%랍니다. 어마어마한 속력이죠. 다행히도 공기 저항은 지구의 중력과 반대 방향의 힘으로 작용하여 실제 빗방울은 9m/s 이하의 속력을 유지하며 떨어진답니다. 만약 공기 저항이라는 '불필요해 보이는 힘(?)'이 없었다면, 우리는 하찮은 빗방울에도 생명의 위협을 느껴야 했을 것입니다. 그건 무생물에도 마찬가지입니다. 산, 바위, 건물, 다리 등 모

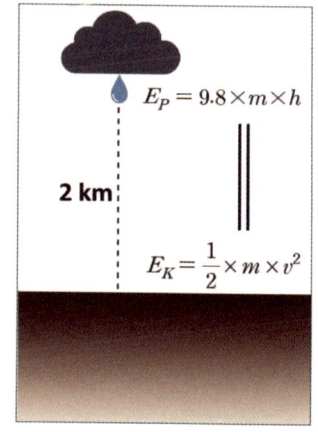

두 몇 년을 버티지 못하겠지요. 보이지 않는 힘의 존재는 때로 생존을 위한 축복입니다.

이제 정리하죠. 지구의 중력은, 1kg의 물체는 9.8N의 힘으로 당겨서 1초당 9.8m/s씩 속력을 증가시키고, 2kg의 물체는 (9.8×2)N의 힘으로 당겨서 1초당 9.8m/s씩 속력을 증가시킵니다. 질량이 증가하면 그만큼 중력도 질량과 비례하게 증가하여 신기하게 딱 초당 9.8m/s씩 속력을 증가시키는 거죠. 결과적으로 공기 저항이 없다면 질량과는 무관하게 모든 물체는 1초당 9.8m/s씩 속력이 늘어나면서 떨어지게 됩니다. 이유는 바로 힘 단위의 주인공 뉴턴이 발견한 만유인력의 법칙으로 설명할 수 있죠. 지구와 물체 간의 인력은 질량에 비례하기 때문에 질량이 2배가 되면 중력도 2배, 질량이 3배가 되면 중력도 3배가 되면서 마치 정밀한 기계처럼 가벼운 물체는 살살 당기고, 무거운 물체는 세게 당기며 모든 물체는 질량에 상관없이 초당 9.8m/s의 속력 증가에 딱

질문 더하기 과학 수업

맞추어지는 겁니다. 그런 초당 속력 증가를 '가속도[5]'라는 개념으로 설명할 수 있고 그 유명한 'F=ma, 힘=질량×가속도'라는 공식이 나오는 것이죠. 이 공식을 사용하여 중력의 다른 표현인 무게는 그 물체의 질량에다 중력가속도 9.8을 곱하면 되는 거죠. 그림의 사람이 들고 있는 질량 1kg의 상자는 손을 놓는 순간 초당 9.8m/s씩 속력을 빠르게 할 힘, 9.8N을 받는 겁니다. 그게 '무게'라고 불리는 것이고요. '질량×9.8= 무게'의 사연은 그런 것이었습니다.

이제 저항이 없는 조건에서 1kg의 물체를 1초당 1m/s씩 빨라지게 하는 1N의 힘이 상상되었길 바랍니다. 우주에서는 1N의 작은 힘으로도 1,000mL짜리 큰 우유 1팩을 340초 후에는 음속과 비슷하게 만들 수 있으니 무시하지 맙시다.

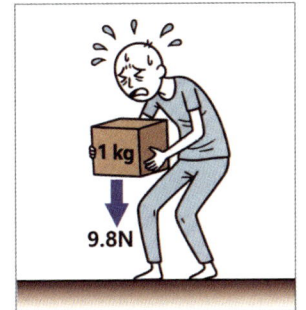

1 kg

9.8N

----

5) [그림 3]의 시간에 관한 속력의 그래프에서 일정한 기울기가 9.0이 됨.

⑩ 수직항력

❓ "책상이 어떻게 책을 밀어 올려요?"

"책상이 어떻게 책의 중력을 느껴서 딱 맞게 중력과 같은 크기의 힘으로 책을 밀어 올리죠?"

기본 지식

우주를 구성하는 모든 물질의 상호작용과 운동은 4가지 힘(강력, 전자기력, 약력, 중력)으로 설명한다. 강력은 4가지 힘 중 가장 강한 힘으로서 원자핵 내부에서 쿼크를 묶어 양성자, 중성자를 만들고 이들을 묶어 핵을 형성하는 힘이다. 다음으로 강한 전자기력은 전하를 띤 입자 사이에 작용하는 인력과 척력이다. 세 번째로 강한 약력은 특이하게 방사성 붕괴를 일으키는 데 관여하여 쿼크의 종류를 변환하는 힘이다. 제일 약한 힘인 중력은 질량을 가진 물체 사이에 작용한 인력이다.

중학생 시절이었던지, 고등학교 시절이었던지 모르겠지만 다음과 같은 상황이 기억납니다. 그래서 지금 이 부분을 수업할 때 똑같이 시작하곤 하지요. 선생님이 책상 위에는 올려져 있는 교과서가 땅으로

안 떨어지는 이유를 물었고, 우리는 어리둥절했던 기억입니다. 머릿속에서는 '아니, 책상이 받치고 있으니 안 떨어지지, 뭔 이유랄 것이 있나?' 싶었겠지요. 지금도 학생들이 그렇게 생각할 것을 예상하고 수업을 시작하고 있습니다.

움직이지 않는 것도 이유가 있습니다. 둘 중의 하나죠. 물체에 힘이 작용하지 않았거나, 작용한 힘들의 합[1]이 0N일 때입니다. 예를 들어 운동장에 비닐봉지가 떠 있는 모습을 보면 신기하겠죠. 비닐봉지가 중력을 거스르는 것처럼 보이니까요. 무심코 보면 신기하지만, 이유를 생각하면 간단합니다. 비닐봉지의 중력과 같은 크기의 바람(상승기류) 같은 힘이 중력과 반대 방향으로 작용하고 있기 때문이겠지요. 즉, 비닐봉지에 작용하는 힘의 합이 0N인 겁니다. 공중에 떠 있는 비닐봉

----

1) 힘의 합력이라고 하지만, 지금의 교과서에서는 순우리말로 '알짜 힘'이라고 부름.

지는 신기한데, 책상 위에 가만히 있는 책은 하나도 신기하지 않습니다. 힘의 관점에서 똑같은 상황인데 말이죠. 책상 위에 있는 책도 움직이지 않는 이유가 있죠. 책이 떨어지지 않는 이유는 중력과 똑같은 크기의 다른 힘이 중력과 반대 방향으로 작용하고 있기 때문입니다. 우리는 그것을 수직항력이라고 불렀습니다. 책상이 중력과 같은 크기의 힘으로 책을 중력의 반대 방향으로 밀어 올리고 있는 셈입니다.

어릴 때는 '아~ 그렇구나. 신기해야 하는구나.'하고 넘어갔지만, 가만히 생각해 보면 신기한 상황 아닌가요? 모터나 근육이 달린 것도 아닌 딱딱하고 움직이지 않는 책상이 어떻게 책을 밀어 올리는 '힘'을 낼 수 있을까요? 사람들은 '힘'을 낼 때, 누군가 밀거나 당길 때 근육의 변화라든지, 엔진이 돌아가는 것처럼 눈에 보이는 능동적인 행위가 있어야 한다고 직감적으로 생각하죠. 책을 올려놓기 전이나 올려놓은 후나 가만히 있는 책상이 힘을 만들어 낸다는 사실을 인정하기는 쉽지 않습니다. 우리 눈은 움직임과 활동을 통해 '힘'을 확인하는 데 익숙하기 때문이죠. 하지만 분명한 것은 책상 위에 책은 무게가 있고 무게가 있다는 것은 중력을 받고 있다는 얘기입니다. 책상 아래로 떨어지지 않고 있다는 것은 책을 밀어 올리고 있는 힘이 있다는 얘기이고요.

그림처럼 스프링 침대 위에 책이 올려져 있다고 한다면 책이 떨어지지 않는 이유가 좀 편하게 짐작이 되지요? 평소에 어떻게 움직이고 쓰이는지 알

질문 더하기 과학 수업

고 있는 스프링이 눈에 보이니까요. 책의 중력이 침대를 내리누르는 힘과 스프링이 책을 밀어 올리는 탄성력의 합이 0, 즉 힘이 평형을 이루었기 때문입니다. 책상 위에서 책의 중력과 힘의 평형을 이루는 수직항력도 책상 내부에 수많은 스프링 같은 것들이 책이 떨어지지 않도록 떠받치고 있다는 것으로 생각하면 어떨지요. 물론, 진짜 스프링은 아니지만요. 책 아래에서 수직항력을 발휘하고 있는 책상을 확대해 봐야겠습니다. 아래 그림은 생성형 AI에게 나무 책상을 점점 크게 확대한 모습을 상상하여 그려 달라고 해 본 것입니다.

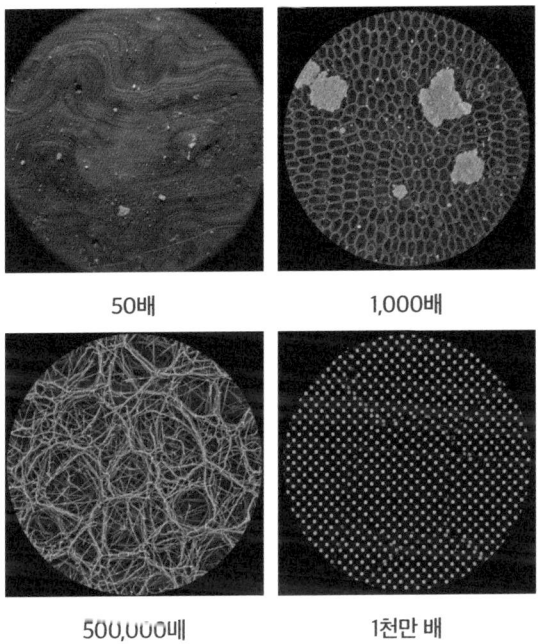

50배   1,000배

500,000배   1천만 배

눈여겨볼 것은 1천만 배로 확대한 모습입니다. 불규칙하게 배열된 형상을 한 나무 조직들이 1천만 배로 확대된 모습에서는 꽤 규칙적으로 배열된 점들의 집합으로 보이죠. 이 규칙적인 점들은 바로 원자를 표현한 것입니다. 여러 종류의 원자들이 배열되어 있을 테니 완전히 규칙적이지는 않겠지만, 원자들이 나름의 간격을 유지하고 있는 것이 보입니다. 책은 1천만 배로 확대해 보면 이런 원자들 위에 올려지는 것이지요. 혹시 단단한 나무 책상의 원자들이 다닥다닥 붙어 있을 것으로 예상했을까요? 그건 아니죠. 원자의 구조를 생각해 보면 예상할 수 있습니다. 원자는 +전하인 원자핵 주변을 -전하인 전자가 돌고 있습니다. 따라서 원자끼리는 붙어 있을 수 없습니다. A 원자 바깥에 돌고 있는 -전하 전자와 B 전자 바깥에 돌고 있는 -전하 전자는 서로를 밀어낼 테니까요. 물론 밀어내는 힘만 있다면 1천만 배 확대한 그림처럼 일정한 간격을 유지하지 않겠지요. 인력과 척력이 적절한 타협점을 찾은 간격일 것입니다.

조금 전, 스프링 침대에 올려져 있는 책을 떨어지지 않게 하는 스프링의 탄성력 같은 존재가 무엇인지 짐작되나요? 바로 전기력입니다. 자기력은 전기력에서 기인하는 것이기 때문에 그냥 전자기력이라고 통칭합니다. 우주를 구성하는 물질과 4가지 기본 힘 중의 하나죠. 세상에는 마찰력, 탄성력, 부력, 저항력, 원심력, 응력, 압력, 전단력, 관성력 등 다양한 힘이 있는 것 같지만, 무슨 력, 무슨 력 하는 힘들의 근본을 살펴보면 4가지의 기본 힘으로 모두 설명이 되는 겁니다. 물리학에 말하는 4가지 기본 힘은 강력(강한 핵력), 약력(약한 핵력), 전자기력, 중력입니다. 이 중에서 강력과 약력은 원자핵 속에서 작용하는 힘이니 우리가 일상생활에서 고려할 힘은 아니라고 봐야죠. 중력과 전자기력이 남습니다. 대부분의 □□력들은 바로 중력과 전자기력의 조화 속에서 현상을 설명하기 위해 만들어진 용어일 뿐입니다.

수직항력도 중력과 전자기력의 조화를 설명하기 위해 만들어진 용어입니다. 원자들끼리 서로 밀어내는 전자기력은 거시적으로 보면 마치 스프링처럼 설명될 수 있습니다. 아주 강한 스프링이라고 할 수 있겠네요. 물리학에서 다루는 공식을 쓰지 않으려고 최선을 다했지만 이제 잠깐만 써야겠습니다. 전자기력이 아주 강한 스프링과 같은 역할을 한다고 했는데 공식을 이용해서 중력(F_g)과 전자기력(F_e)을 간단히 비교해 보겠습니다.

먼저 F_g와 F_e의 크기를 구하는 식입니다.

$$F_g = G\,\frac{m_e m_p}{r^2} \qquad\qquad F_e = k_e\,\frac{|q_e q_p|}{r^2}$$

G: 만유인력 상수
m_e: 전자 질량
m_p: 양성자 질량

k_e: 쿨롱 상수
$|q_e|=|q_p|$: 기본 전하량
r: 입자 간의 거리

두 식이 너무 비슷하지요? 하지만 섣부른 판단은 하지 않길 바랍니다. 중력은 서로 잡아당기는 인력만 있지만, 전자기력은 인력과 서로 밀어내는 척력이 있답니다. 그래서 아인슈타인도 두 힘을 한 번에 설명하려는 작업에 실패했었죠. 아무튼, 두 식이 비슷한 덕분에 크기를 비교하기가 쉽습니다. k_e, q_e, q_p, G, m_e, m_p 모두 구해져 있는 값이니 계산할 수 있습니다. 결과는 이렇습니다.

$$\frac{F_e}{F_g} = \frac{\dfrac{k_e|q_e q_p|}{r^2}}{\dfrac{G m_e m_p}{r^2}} = \frac{k_e|q_e q_p|}{G m_e m_p} = \text{약 } 2.3 \times 10^{39}$$

이 결과는 전자기력이 중력보다 상대적 크기가 약 2.3×10^{39}배나 크다는 말입니다. 천, 만, 억, 조, 경, 해, 자 등의 단위로는 엄두도 내지 못할 정도를 큰 값의 차이입니다. 중력은 전자기력에 비하면 정말 하찮기가 그지없어 보이죠. 책상은 책상을 이루는 원자들끼리는 전자기력을 통해 균형을 이루고 있는 상태입니다. 아주 아주 강한 스프링으로 서로 연결된 셈이죠. 위에서 책 무게 정도의 중력이 누른다고 쳐 봐야 원자 사이의 전자기력 스프링에 영향을 얼마나 줄 수 있을까요? 책상 원자들 사이에는 눈곱만큼의 영향이나 줄 수 있을까요? 오히려 책상 원자들은 위에서 무게로 누르는 책의 원자들을 스프링처럼 전자기력으로 가뿐하게 밀어 올리게 될 것입니다. 나노미터 수준의 아주 미세한 변화는 있을 수 있을지 몰라도 말이죠. 수직항력의 근본은 전자

질문 더하기 과학 수업

기력이었던 것입니다. 책상의 원자들과 책상에 올려진 책의 바닥 원자들 사이에 전자기력이, 스프링처럼 책의 무게, 중력을 밀어내고 있는 것이죠. 더 자세히 얘기하면 책상 위쪽 원자들의 바깥을 돌고 있는 전자들과 책의 바닥 원자들 바깥을 돌고 있는 전자들이 서로 밀어내는 척력이 수직항력인 셈입니다. 책 무게 정도의 중력을 상대하여 균형을 이루는 것이 전자기력에게는 일도 아니겠지요.

하지만 방심할 수는 없습니다. 우리는 그다지 무겁지 않은 물체가 전자기력으로 똘똘 뭉친 책상을 부수는 것을 본 적이 있기 때문입니다. 하찮은 중력이 전자기력을 무너뜨린 것입니다. 아무리 무거운 물체라고 하더라도 어떻게 중력이 자기보다 약 2.3×10^{39}배 센 전자기력을 끊었을까요? 그 이유는 2.3×10^{39}배에 대한 착각 때문입니다. 2.3×10^{39}라는 수는 전자 1개의 질량과 양성자 1개의 질량 사이 작용하는 중력, 전자 1개 전하량과 양성자 1개의 전하량 사이에 작용하는 전자기력을 단순 비교한 수치입니다. 책의 중력은 온전히 책의 무게가 만들어 내는 힘이겠지만, 책상의 수직항력은 온전하지 않습니다. 책상을 만드는 수많은 원자끼리 전자기력이 작용하면서 수많은 미는 힘과 당기는 힘이 균형을 이룬 상태이니 온전히 책의 중력을 상대하지 못합니다. 다시 스프링에 비유하면 책상을 이루는 수많은 원자가, 더 수많은 당겨진 스프링과 압축된 스프링으로 균형을 이루어 특정한 간격으로 배열된 모습을 상상하면 될 것 같습니다. 그러니 한 방향으로 똘똘 뭉친 중력을 2.3×10^{39}배의 온전한 전자기력으로 상대하지 못하는 것이죠.

책상이 부서지게 되는 또 다른 이유는 중력이 한 곳으로 집중될 수 있다는 것입니다. 책 아래에 있는 책상 위에 수많은 원자가 전자기력의 스프링에 연결되어 있어도 그들의 스프링이 모두 같은 힘으로 균형을 이루고 있는 것이 아닙니다. 책상을 이루고 있는 원자의 종류가 모두 같지 않으니 원자 사이에 작용하는 힘과 간격이 조금씩 다를 수밖에 없습니다. 그러다 보면 제일 취약한 부위가 있을 것이고, 그 부위의 원자와 원자 사이에 중력이 집중될 것입니다. 첫 번째 전자기력 스프링이 끊어지고 이웃한 제일 약한 스프링이 또 끊어지기 시작하면서 붕괴가 일어나는 것입니다. 언제 붕괴가 될지는 어떤 원자들의, 어떤 결합들로 만들어진 책상인가가 결정하겠지요.

결론, 하나, 책이 안 떨어지는 것은 책의 중력과 책상의 수직항력이 힘의 균형을 이루기 때문입니다. 둘, 책상의 수직항력은 책상의 원자와 책의 원자 간의 전자기력이 만들어 내는 힘의 다른 표현입니다. 셋, 지구 중심으로 향하는 인력으로만 작용하는 중력으로부터 이 땅이 무너지지 않는 이유, 모든 물질이 형태를 유지하는 이유는 중력보다 훨씬 센 전자기력 덕분이라는 점입니다. 외르스테드, 앙페르, 패러데이, 맥스웰, 만세!

질문 더하기 과학 수업

⑪ 운동 에너지와 위치 에너지

❓ "운동 에너지 구하는 식에서 왜 1/2을 곱해야 하나요?"

"위치 에너지는 실험 결과와 딱 맞게 공식을 만들었는데, 왜 운동 에너지는 실험 결과에 따른 공식에다 1/2을 추가해요?"

기본 지식

중력에 의한 위치 에너지의 크기는 무게와 높이에 따라 비례하여 증가한다. 따라서 중력에 의한 위치 에너지는 무게×높이로 계산한다. 운동 에너지의 크기는 질량에 비례하여 증가하고 속력의 제곱에 비례하여 증가한다. 따라서 운동 에너지의 크기는 질량×속력^{2}에 1/2를 곱하여 $\frac{1}{2}$ × 질량 × 속력^{2}으로 계산한다.

확실히 물질을 다루는 내용보다 물질이 아닌 것을 다루는 내용을 아이들이 배우기 힘들어합니다. 이번에 얘기할 운동 에너지처럼 손에 잡히지 않고 실체가 눈에 보이지 않는 경우도 많으니 뭘 배우고 있는지조차 모를 수 있겠습니다. 그러나 빛, 에너지, 파동, 힘 같은 물리학 내용을 재미있게 생각하는 조금 특별한 아이들이 나타나는 분야이기도

하지요. 얼마 전에 뉴스에서 대한민국의 근로 시간에 대한 문제가 많이 다루어졌습니다. 대한민국은 다른 나라에 비해 일(과학에서 정의하는 '일'과는 다르지만….)을 너무 많이 한다고 알려져 있죠. 그 '일'을 할 수 있게 해 주는 능력, '에너지'에 관하여 공부하면서 생겼던 질문을 해결하겠습니다.

우리는 에너지가 있어야 일을 할 수 있습니다. 반대로 얘기하면 에너지가 없으면 일을 못 하는 것이고, 가진 에너지만큼 일을 할 수 있지요. 에너지는 '일을 할 수 있는 능력'으로 정의합니다. 당연한 얘기지만 에너지가 많은 사람은 일도 많이 할 수 있고, 에너지가 적은 사람은 일도 많이 할 수 없죠. 물론 사람은 의지, 의욕이라는 것에 영향을 받기도 하지만요.

이번에는 화학에너지, 원자력에너지, 열에너지, 빛에너지, 전기에너지 등 많은 에너지 중에서 힘과 관련된 역학적 에너지를 얘기하고자 합니다. 다른 에너지에 비하여 에너지가 일로 전환되는 것이 비교적 쉽게 보이고 해석하기도 쉬운 에너지라서 에너지의 개념을 이해하기에 딱 좋은 것이 역학적 에너지입니다. 물체의 운동 상태를 바꾸기 위해서는 힘을 사용해야 하는데, 그 힘으로 만들어 낸 에너지를 역학적 에너지라고 표현합니다. 그러면 물체에 힘을 주어서 일을 할 수 있게 하는, 달리 말해 물체가 에너지를 가지도록 하는 방법에 뭐가 있을까요? 하나는 물체에 힘을 주어 움직이게 하는 것이죠. 움직이는 물체는 일을 할 수 있습니다. 예를 들면 움직이는 볼링공은 볼링 핀을 튕겨 내는 일을 할 수 있지요. 움직이는 주먹으로 누군가의 얼굴을 밀어낼 수 있고요. 움직이는 차는 부딪힐 사람을 꽤 멀리 날리는 일을 할 수 있으니 조심해야겠죠. 이렇게 움직이는 물체가 갖는 역학적 에너지를 운동 에너지라고 합니다.

또 힘으로 에너지를 갖게 할 방법은 물체에 중력과 반대 방향으로 힘을 주어 이동시키는 것입니다. 중력은 지구가 물체를 당기는 힘으로 항상 존재하니 다른 힘이 없다면 물체가 떨어지며 일을 할 수 있게 될 겁니다. 뛰어내린 사람은 다리뼈가 부러지고, 떨어뜨린 화분은 아래에 있는 사람의 머리뼈를 내려앉게 하는 일을 하게 될 테니 조심해야겠지요. 이렇게 중력이 존재하는 곳에서 떨어질 물체가 갖는 역학적 에너지를 중력에 대한 위치 에너지라고 합니다. 여러 에너지 중 중력에 대한 위치 에너지와 운동 에너지는 서로 쉽게 전환되면서 물리학 법칙 중 맨 앞줄 어딘가에 있을 에너지 보존의 법칙[1]을 직관적으로 느끼게 해 주지요. 따라서 공기 저항이나 마찰력 같은 다른 힘이 존재하지 않는 이상적인 환경이라는 가정하에 위치 에너지와 운동 에너지를 쉽게 계산할 수 있으며, 수학적으로 역학적 에너지 보존을 확인할 수 있습니다.

위치 에너지를 구하는 식은 간단한 실험을 통해서 유추할 수 있습니다. 사진처럼 추를 일정한 높이에서 떨어뜨려서 추가 가진 에너지가 아래쪽의 집게에 물려 있는 나무토막을 밀어 내리는 일을 하게 합

---

1) 에너지는 다른 형태로 변환되거나 옮겨 갈 뿐 새로 생성되거나 사라지지 않으므로 에너지의 총합은 항상 일정하게 보존됨.

니다. 에너지는 일할 수 있는 능력이라고 했으니, 한 일을 보고 가진 에너지를 추정하는 것이죠. 이 실험을 통해 알게 되는 것은 추가 가진 중력에 대한 위치 에너지가 아래쪽 집게와 나무토막 사이의 마찰력을 극복하고 나무토막을 이동시키는 일을 함에 있어 어떤 요소가 일의 크기(에너지의 크기)에 영향을 미치는가 하는 것입니다. 그 어떤 요소는 바로 추의 무게(중력)와 추의 높이이고, 무게와 높이에 따라 위치 에너지가 변한다는 사실이지요. 추의 무게가 증가할수록 그에 비례하여 나무토막을 이동시키는 일도 증가합니다. 일은 힘×이동

거리로 구하니 마찰력은 실험 내내 일정하다고 본다면, 일의 크기 변화는 이동 거리 변화만을 봐도 알 수가 있는 셈이지요. 실험해 보면 추의 높이가 증가할수록 그에 비례하여 나무토막을 이동시키는 일도 증가한다는 사실을 알 수 있습니다. 일의 양이 무게에 비례하여 커지고(일∝무게), 높이에 비례하여 커지니(일∝높이) 추가 떨어지면서 한 일의 양은 무게와 높이에 동시에 영향을 받아 무게와 높이의 곱으로 계산할 수 있을 겁니다. 그리고 추가 떨어지면서 한 일은 추가 가지고 있던 위치 에너지가 한 일이지요. 따라서 위치 에너지 구하는 공식은 $E_p=$

질문 더하기 과학 수업

무게×높이(h)가 됩니다. 무게는 $9.8^{2)}$×질량(m)이니 교과서에서 보았던 E_p=9.8×m×h라는 식이 나오게 됩니다.

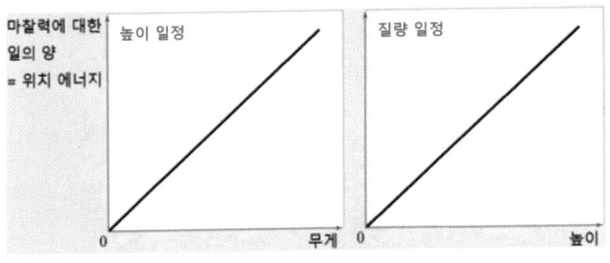

일∝무게, 일∝높이 → 일(J) = 무게(N) × 높이(m)

= 9.8×m×h = E_p(중력에 의한 위치 에너지)

운동 에너지는 조금 복잡해집니다. 같은 실험 장치에서 추가 아래에 있는 나무토막을 만나기 직전, 속력을 측정할 수 있도록 속력계를 달아서 속력에 따라 추가 하는 일(나무토막을 밀어내는 일)의 양이 어떻게 변하는지 측정해 보면 중력에 의한 위치 에너지처럼 공식을 만들어 낼 수 있습니다. 먼저 뻔하게 예상되듯이 추의 질량이 증가할수록 그에 비례하여 나무토막을 이동시키는 일도 증가합니다. 이번엔 위치 에너지처럼 추의 무게가 아니라 질량이 사용됩니다. 왜냐하면, 중력이

....

2) 질문쟁이가 가장 많이 하는 질문 중 하나가 왜 질량에 9.8을 곱해서 무게가 되는가인.

없으면 아래로 떨어지지 않을 것이니 값이 0이 되는 중력에 대한 위치 에너지와는 달리, 운동 에너지는 중력의 크기와는 관계없이 질량만 있으면 값을 가질 수 있습니다. 무중력에 가까운 우주정거장에서도 날아오는 야구공은 우리의 이빨을 부러뜨리는 일을 할 수 있는 것처럼 말입니다. 날아오는 것이 질량이 큰 쇠공이라면 여러 개의 이빨을 부러뜨리는 일을 하겠지요. 앞의 실험 장치를 사용하여 같은 높이에서 떨어뜨리는 추의 질량을 1배, 2배, 3배 늘리면 나무토막이 밀려나는 거리도 1배, 2배, 3배로 증가하는 것을 확인할 수 있습니다. 따라서 추의 질량은 나무토막을 이동시키는 일과 비례하는 것(일∝질량)을 확인할 수 있습니다. 추의 운동 에너지가 나무토막을 미는 일은 한 것이니 추의 운동 에너지와 질량이 비례한 것으로 봐도 됩니다.

추를 떨어뜨리는 높이를 증가시켜 속력 증가에 따라 나무토막이 이동하는 일의 양이 어떻게 되는지 확인하기는 좀 까다롭습니다. 하지만 대체로 같은 질량의 추에서 속력을 2배로 올리면 나무토막의 이동 거리가 4배 이동하면서 일의 양이 4배 증가한다는 사실을 알 수 있습니다. 즉, 운동 에너지는 일정한 속력에서 추의 질량 증가에 비례하여 나무토막을 이동시키는 일의 양이 증가하고(일∝질량), 일정한 질량에서 추의 속력 증가에 따라 속력이 2배 증가하면 일의 양이 4배 증가하는 관계(일∝속력^2)가 정리됩니다.

이제 운동 에너지도 위치 에너지처럼 식을 정리할 수 있겠군요. 운동하는 물체에 의해서 한 일의 양이 일∝질량, 일∝속력^{2}라는 관계가

질문 더하기 과학 수업

있으니 운동 에너지(일의 양)는 질량과 속력^{2}에 동시에 영향을 받아 질량과 속력^{2}의 곱으로 계산할 수 있을 겁니다. 따라서 운동 에너지 구하는 공식은 E_K=질량×속력^{2}이 될 것으로 보입니다.

일∝질량, 일∝속력^2 → 일(J) = 질량(kg) × (속력(m/s))^2
= m × v^2 = E_K(운동 에너지)

하지만 교과서에서 운동 에너지를 구하는 공식은 E_K=질량×속력^{2}이 아니라 (1/2)×질량×속력^{2}으로, 앞에 난데없이 1/2이 추가됩니다. 실험 결과처럼 위치 에너지는 무게에 비례, 높이에 비례해서 두 요소의 곱(무게×높이)으로 구하고, 운동 에너지는 질량에 비례, 속력^{2}에 비례해서 두 요소의 곱(질량×속력^2)으로 구하면 고민거리가 없는데, 어째서 위치 에너지와는 달리 운동 에너지는 예상되는 공식 앞에 1/2을 곱하냐는 것입니다. 중력에 대한 위치 에너지와 운동 에너지의 무엇이 다르기에 실험 결과를 그대로 적용하여 식을 만든 E_P=w(무게)×h(높이)식과는 다르게 운동 에너지식에는 1/2이 붙어 E_K=1/2×m×v^2이 되는 걸까요? 당연하게 외웠던 운동 에너지 구하는 공식이고 큰 의문 없이 가르쳤지만, 이 실험에서 왜 위치 에너지와 차이가 나는지 직관적으로 떠오르지 않습니다. 공식을 유도하는 것은 그다지 어렵지 않습니다만 머릿속에서 상황이 딱 정리되지 않습니다. 일단 제일 쉽게 공식을 유도해 보겠습니다.

위의 실험처럼 공기 저항, 마찰을 무시하고 자유 낙하 운동을 하게 된다면 시간에 대한 속력의 그래프는 오른쪽 그림과 같을 겁니다. 그리고 물체가 떨어진 거리 (이동 거리)는 아래와 같이 계산할 수 있습니다. 혹시 공식이나 계산이 질색인 사람은 그냥 넘어가도 됩니다.

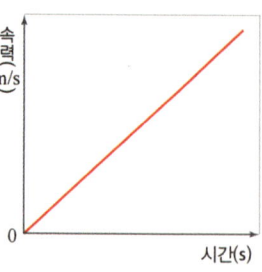

이동 거리 = 속력 × 걸린 시간 ($\Leftarrow$ 속력 = 이동 거리 / 걸린 시간)
하지만 초기 속력이 0이므로 이동 거리는 위의 그래프 아래 면적에 해당하여 이동 거리 $S = \frac{1}{2} \times v \times t$ 가 된다.
힘(F)과 일(W)에 대한 너무나 유명한 식, $F = m \times a$와 $W = F \times S$을 활용합니다. 가속도 a는 시간에 대한 속력의 변화임으로 $a = \frac{v}{t}$, $S = \frac{1}{2} \times v \times t$ 를 차례로 대입합니다.

$$F = m \times a = m \times \frac{v}{t}$$

$$W = F \times S = m \times \frac{v}{t} \times \frac{1}{2} \times v \times t = \frac{1}{2} \times m \times v \times v$$

공기 저항 및 마찰이 없는 것으로 가정하니 일(W)은 모조리 에너지(E)로 전환되어 같은 값입니다.

$$W = E = \frac{1}{2} \times m \times v^2$$

이렇게 정리하면서 보니까 의외로 질문에 대한 답이 보입니다. 의문점을 설명하는 데 엄청나게 오래 걸렸지만 의문 속에 답이 있었습니다. 역시 머리로 고민하는 것을 종이에 쓰면서 정리하면 답이 나오기도 합니다. 앞에서 추가 떨어지는 동안, 시간에 대한 속력의 그래프를 보았는데 속력이 0에서부터 v까지 증가하면서 공식에 1/2이 삽입되었습니다. 그렇다면 그 운동 에너지로 일을 하는 동안, 즉 떨어지는 추가 집게에 물려 있는 나무토막에 닿기 직전부터 나무토막을 밀기 시작하여 멈출 때까지 역시, 속력이 v에서 0으로 줄어들기 때문에 일(W)의 양도 1/2이 삽입되어야 하겠네요. 떨어지는 추가 나무토막을 미는 일을 하는 동안 계속 v의 상태로 일을 하는 게 아니라 속력이 0까지 일정하게 줄어들면서 일을 하니, 계속 v로 일하는 것의 절반만큼만 일을 한다고 생각해야 하죠.

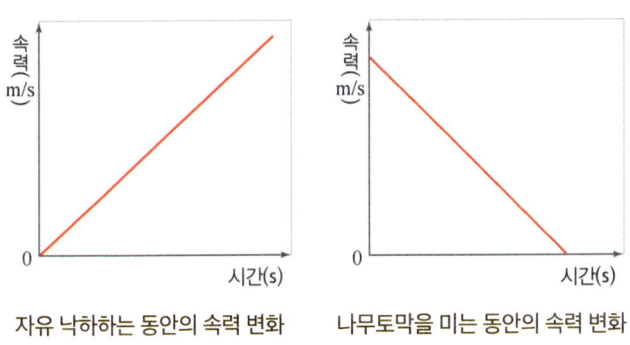

자유 낙하하는 동안의 속력 변화   나무토막을 미는 동안의 속력 변화

다시 정리하자면, 위치 에너지는 위치 에너지의 크기에 영향을 미치는 무게와 높이의 곱으로 단순하게 구합니다. 하지만 운동 에너지는 운동 에너지에 영향을 미치는 질량과 속력^{2}이 곱으로 구하지 않고 전

체 값에 1/2을 곱하여 $E_K = 1/2 \times m \times v^2$으로 구해야 합니다. 왜냐하면, 나무토막을 미는 일을 하는 동안 속력이 v에서 0으로 줄어들기 때문이죠. 만약 위치 에너지처럼 그냥 운동 에너지도 $m \times v^2$으로 구하려면 집혀 있는 나무토막이 멈출 때까지 속력 v를 유지하다가 딱 멈춰야 합니다. 어떤 힘도 추가되지 않았는데 말입니다. 있을 수 없는 현상이죠.

왜 질량에 비례하고 v^2에 비례하는 운동 에너지에 1/2을 마땅히 곱해야 하는 것이 납득되지 않았을까요? 여러 개념 속에서 변화하는 것과 변하지 않을 것을 추려내고, 변하는 것이 결과에 어떤 영향을 줄지 직관하는 능력이 부족했던 것 같습니다. 그래서 예전에 대학에서 교수님이 능력이 뛰어난 사람은 직관력이 좋다고 했던 말이 기억납니다. 직관력이 거저 얻어지는 것은 아니겠지요. 오랜 탐구와 경험, 사고가 직관력을 상승시켜 줄 것이고 믿습니다.

아무튼, 꽤 오랫동안 잠이 들기 전에 고민하면서 수면제 효과를 내주었던 질문이 좀 허무하게 결론 나 버린 느낌입니다. 고민될 때는 머리만 굴리지 말고 차근차근 쓰면서 정리해 보자는 교훈을 얻습니다.

? **"공기와 수증기 둘 중에 누가 더 무거워요?"**

"눅눅한 수증기가 공기보다 당연히 무겁지 않을까요?"

기본 지식

일정 성분비 법칙이란 화합물을 구성하는 각 성분 원소끼리의 질량비가 일정하다는 것으로 1799년 프랑스 과학자 조제프 루이 프루스트(1754~1826)가 제안했다. 이 법칙은 원자의 발견과 화학반응을 이해하는 데 지대한 영향을 미쳤다.

편견이란 한쪽으로 치우쳐 공정하지 못한 생각이나 견해를 뜻합니다. 무심코 가졌던 저의 편견이 저만의 편견이 아닌 것을 학생들로부터 확인했기에 한 번 얘기해 보고자 합니다. 앞의 글에서 일정 성분비 법칙에 관해 이야기하였습니다. 일정 성분비 법칙은 1799년[1] 프랑스의 화학자 프루스트가 밝혀낸 사실로 화학변화가 일어날 때 변화 전의

....

1) 정주 23년, 나폴레옹 제1통령 임명, 갑자기 이때가 우리나라와 유럽의 어떤 시기였는지 궁금했음.

물질끼리 아무렇게나 반응이 일어나는 것이 아니라, 일정한 질량비로 결합한다는 것을 설명하고 있습니다.

　다시 한번 예를 들어 설명하면 탄소와 산소가 결합하여 이산화탄소가 되는 화학변화에서 탄소 3g은 꼭 산소 8g과 결합하고 탄소 6g은 산소 16g과, 탄소 30g은 산소 80g과 결합하지요. 즉, 이산화탄소가 만들어질 때의 탄소와 산소의 질량비는 항상 3:8이라는 얘기입니다. 또 다른 예를 들면 수소와 산소가 결합하여 수증기가 되는 화학변화에서도 수소:산소는 1:8의 질량비로 결합합니다. 수증기가 만들어질 때 수소 1g은 꼭 산소 8g과, 수소 2g은 산소 18g이 결합한다는 말이지요. 또한, 수소 1g과 산소 8g이 결합하였으니, 수증기는 9g이 만들어집니다. 수소 2g과 산소 16g이 결합하면 당연히 수증기 18g이 만들어지겠지요. 1799년이면 원자나 분자의 개념을 아직 확신하지 못했을 때니 원소들끼리 일정한 질량비로 딱딱 결합하는 걸 발견했을 때 얼마나 신기했겠습니까? 그 당시는 몰랐지만, 이 신기한 상황을 원자, 분자를 알고 있다고 생각하고 모형으로 나타내면 너무 간단하게 설명이 됩니다. 수소와 산소는 질량비가 1:8로 결합하니까 만약 수소 4개 원자가 1g이라고 가정한다면 산소 2개 원자는 8g인 셈이고, 그게 결합하여 수증기 9g을 만드는 셈이 되지요.

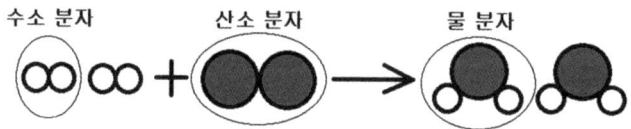

이런 일정 성분비 법칙을 가지고 수소 원자와 산소 원자 각각의 질량은 알 수 없지만, 그림과 같은 분자 모형이나 화학반응식의 도움을 조금 받아서 수소 원자와 산소 원자의 상대적인 질량비는 알 수가 있습니다. 적은 노력으로 원자 간의 질량비라도 알 수 있다는 것은 엄청나게 가성비 높은 일이지 않나 싶네요. 수소 원자와 산소 원자의 상대적 질량비를 생각하다 보니 뭔가 선입견이 있지 않았나 싶습니다.

　아이들에게 공기와 수증기 중 누가 더 무거울 것인지 물어보면 대부분은 수증기라고 대답합니다. 수증기는 축축함, 눅눅함 등의 선입견이 있기 때문이겠지요. 수시로 물로 변하는 수증기를 생각하면 당연한 얘기일 겁니다. 공기는 상쾌함, 시원함의 느낌이 떠오르니 무거운 이미지와는 거리가 있지요.

　일정 성분비 법칙을 통해 알 수 있는 질량비를 가지고 공기와 수증기를 비교해 보겠습니다. 앞에서 언급한 것처럼 일정 성분비 법칙에 따라 (수소:산소:수증기)의 질량비는 1:8:9입니다. 수소 1g은 산소 8g과 반응하여 수증기 9g이 된다는 말이죠. 그걸 수소 4개 원자가 1g이라고 가정한 위의 그림에 맞추어 보면 수소 2개 원자가 붙어 다니는 수소 분자(H_2) 1개는 0.5g, 산소 분자(O_2) 1개는 8g이 됩니다. 그렇다면 수소 알갱이(원자) 1개는 0.25g, 산소 원자 1개는 4g이라는 말이 됩니다. 그럼 수증기 1분자는 몇 g에 해당하죠? 수증기의 분자식은 H_2O니까 산소 원자 1개와 수소 원자 2개가 결합하여 수증기 1분자가 된다는 말이고 질량을 계산해 보면 4g+0.25g+0.25g=4.5g이네요. 실제 질량이 그렇다는 얘기는 아닙니다.[2] 질량비를 나타내는 것이지만, 단위 없이 숫자만 얘기하면 현실감이 떨어져 보인다고 생각해서 g를 붙여 설명하고 있는 것뿐입니다.

어라? 수증기가 생각보다 가볍죠? 산소 1개 분자가 8g이라고 본다면 수증기 1개 분자가 4.5g이니 거의 절반의 가벼움입니다. 사실 일정 성분비 법칙까지 끌어오지 않고, 공기 대부분을 이루는 질소 분자와 산소 분자, 그리고 수증기 분자의 분자식만 알아도 공기가 더 가볍다는 사실은 자명하죠. 만약 산소 기체, 수증기 기체가 섞여 있다면 수증기는 어디로 갈까요? 산소 분자보다 약 절반이나 가벼운 수증기는 분자 활동을 하며 결국 질소 분자나 산소 분자가 차지하고 있는 공기에 밀려 위로 올라가게 됩니다. 아니라고요? 자욱한 안개를 못 봤냐고요? 안개는 물의 기체 상태인 수증기가 아닙니다. 액체인 작은 물방울이죠. 안개는 작은 물방울이 중력을 받아 가라앉아 있는 것입니다. 수증기는 좀 전에 말한 것처럼 공기보다 가벼우니 올라갈 수밖에 없습니다. 정말 다행입니다.

왜 다행인지 얘기해 볼까요? 수증기는 공기 대부분을 차지하는 산소 분자, 질소 분자에 밀려 위로 올라갑니다. 그래서 어떤 일이 벌어질까요? 수증기가 공기에 밀려서 위로 올라간다는 것이 별일 아닌 것 같나요? 쉽게 이해하기 위해서 반대로 생각해 보겠습니다. 수증기 분자가

---

2) 실제 수소 원자 1개의 질량은 1.6735575×10^{-24}g. ― 미국 표준기술연구소.

산소 분자보다 무겁다면 어떤 일이 벌어질 것인지 상상해 볼까요? 물이 증발한 상태인 수증기가 공기보다 무거워 가라앉아 있다면 어떤 일이 벌어질지 말입니다. 상상되나요?

수증기는 공기보다 아래쪽으로 이동하여 지표면 가까이에만 분포하고 있는 상황이 되겠지요. 지구에 존재하는 물의 0.01% 정도만이 수증기로 존재하는데, 예상컨대 지표면에서 고작해야 수~수십 m까지만 수증기가 존재하지 않을까 싶네요. 그런 수증기가 존재하는 수십 m 위쪽은 물 한 방울, 수증기 하나 없는 사막보다 더 메마른 공간이 될 겁니다. 또한, 수증기가 증발하여 지상 1~10km까지 위로 올라가서 구름이 되고 비가 되는데, 지표면 가까이에만 수증기가 모여 있다면 비도 내리지 않을 것이라는 말이 되지요. 대신에 지표면에서 수~수십 m만큼은 수증기끼리 설합하니 깊은 안개 속에 잠겨 있는 모습이 되겠습니

다. 빛도 통과하기 힘들어 어둑어둑한 지표면의 모습, 상상되나요? 빛이 거의 없으니, 식물은 어떻게 살죠? 동물도 마찬가지 신세입니다.

물과 수증기가 없는 곳에서 생물이 살 수는 없을 테니 수증기가 존재하는 수십 m 높이 아래에서만 사는 우리를 상상해 봅시다. 비 오는 날의 눅눅함은 사치일 정도로 항상 습도 100%를 만끽해야 할 겁니다. 혹시 '빨래가 안 마르겠네.' 같은 고민을 얘기하는 아이들이 있을까요? 그건 지극히 사소한 문제일 겁니다. 더 근본적인 생존의 문제도 고민해 봐야겠습니다. 많은 수증기가 산소를 밀어냈을 테니 숨 쉬기는 가능할까요? 또 어떤 일이 일어날지 상상해 보는 것도 재미있겠네요. 토론해 보면 결론은 '사람은 분명히 살 수 없겠다'이지 않을까 싶습니다.

지표면에서 증발한 가벼운 수증기는 공기를 비집고 위로 더 위로 올라갑니다. 그리고 차가운 온도를 만나죠. 응결하여 작은 이슬이 됩니다. 작은 이슬들은 뭉쳐져 좀 더 큰 물방울 됩니다. 무거우니 땅으로 떨어집니다. 다시 증발합니다. 다시 올라갑니다. … 이렇게 수증기는 위, 아래로 순환하며 지구 생물에게 생명수가 됩니다. 이 지구 곳곳에 생물이 살 수 있는 것이 수증기 분자가 산소 분자, 질소 분자보다 가벼운 덕분이라고 말하면 너무 지나친 비약일까요? 수증기 분자가 공기보다 가볍다는 사실이, 세상을 기막히게 잘 돌아가도록 만드는 작은 부품 정도는 된다고 인정해 주어도 되지 않을까요? 진짜 중요한 작은 부품이요.

⑬ 식물 동물 기타 등등

❓ "버섯은 식물이 아닌가요?"

"생물은 동물과 식물로 분류하는 것 아닌가요?"

기본 지식

생물의 근대적인 분류법은 스웨덴 식물학자 린네(1707~1778)로 시작되었다고 본다. 린네는 생물을 동물계, 식물계로 나누었지만, 현재 가장 널리 사용하는 체계는 생물을 5계(원핵생물, 원생생물, 식물, 동물, 균류)로 분류하는 것이다. 생물학이 발전하면서 더 많은 체계와 세부 분류 단계를 도입하고 있다.

오늘은 생물을 분류하는 이야기를 하려 합니다. 지구에 사는 생물의 종류는 얼마나 많을까요? 너무 많아서 관련 연구조차 흔하지 않습니다. 2011년 유엔환경계획 세계환경보전 감시센터의 연구에 따르면 지구에 약 870만 종의 생물이 살고 있다고 합니다. 그중에 딱 1종이 인간입니다. 연구진은 870만 종 속에 세균 같은 미생물이 일부 빠져 있다고 했으니, 실제로는 더 많은 종의 생물이 존재할 것입니다. 집 안에서

물건을 쓰임새별로 정리를 잘해 두어 다음에 필요할 때 바로 찾을 수 있듯이 수많은 생물도 비슷한 것끼리 정리를 해 두죠. 대표적인 방법이 생물을 식물과 동물로 분류하는 것입니다.

이런 의문이 들었던 경험이 있을까요? '산호가 식물일까? 동물일까?' 눈치 빠른 사람은 당연하게 산호가 식물이 아니고 동물이니까 하는 질문이라고 생각하겠지요. 산호는 마치 바닷속에서 뿌리를 내리고 사는 식물처럼 보이겠지만 동물로 분류합니다. 식물과 동물을 구분하는 대표적인 기준이 광합성입니다. 광합성을 해서 햇빛으로 스스로 양분을 만들어 내면 식물, 다른 생물을 먹고 소화해서 양분을 얻어 내면 동물이지요. 눈에 보이지 않아 믿기 힘들지만, 산호는 생긴 것과는 다르게 광합성을 하지 않고 작은 촉수로 플랑크톤이나 작은 물고기를 잡아먹고 사니 동물로 분류합니다.

그러면 다시 질문 하나. 고기와 함께 자주 구워 먹은 맛있는 버섯은 식물일까요? 동물일까요? 애매한 모습이지만 뿌리, 줄기, 잎과 비슷한 형태가 있고 풀이나 나무처럼 움직이지 않으며 가만히 자리를 지키고 있는 걸 보면 식물인 것 같습니다. 하지만 버섯이 자라는 장소를 생각해 볼까요? 햇빛을 좋아하는

식물과는 다르게 주로 집 뒤나 나무 그늘처럼 햇빛이 잘 들지 않는 곳에서 버섯을 보게 됩니다. 또한, 초록색 버섯은 못 본 것 같으니, 광합

성과는 관계가 멀어 보입니다. 아직 버섯이 식물이 아니라고 단정 지을 수는 없습니다. 초록색이 아니어도 광합성 하는 식물은 꽤 있거든요. 혹시 버섯도 산호처럼 눈에는 안 보이지만 아주 작은 생물을 먹고 사는 동물일까요? 버섯의 표면을 좀 확대해 봐도 특별한 사냥 도구가 안 보이니 식물일 가능성이 큰 것 같습니다. 동물과 식물, 둘 다 아닌데 뭘 고민하냐고요? 그렇게 쉽게 말할 문제는 아닙니다. 생물 분류에 관한 얘기에서 빼놓을 수 없는 가장 유명한 과학자가 바로 스웨덴 출신의 칼 폰 린네라는 사람인데, 이 대단한 과학자도 생물을 동물과 식물로만 구분하기 시작했지요. 300년이 채 안 된 얘기인데, 이때는 이미 뉴턴의 만유인력 발견으로 태양계 행성들의 움직임까지 파악하던 시기였습니다. 생물학에서 동물과 식물 외에 다른 생물 분류를 추가하기 시작한 것이 비교적 최근인 약 150년 전[1]이니, 버섯을 동물과 식물 사이에 어디로 분류할지 고민하는 것이 우습게 볼 일은 아닌 것 같죠?

먼저 조금 전에 언급한 과학자 린네의 생물 분류체계를 알아보겠습니다. 가장 큰 분류체계가 '계'입니다. 동물계, 식물계 등이 예가 되겠지요. 다음으로 조금 더 세분한 분류체계가 '문'입니다. 생활 속에서 많이 들어 보았던 척추동물, 연체동물, 속씨식물, 겉씨식물이 이 단계에서 구분되지요. 일상생활에서는 '문'을 생략해서 쓰고 있습니다만 정확한 표현은 척삭동물문, 연체동물문, 속씨식물문, 겉씨식물문입니다.

....

1) 1866년 독일 생물학자 헤켈(1834~1919)이 동물계, 식물계에 원생생물계를 추가하여 제안함.

다음으로 더 세분한 분류에는 '강'을 붙입니다. 평상시 포유류, 파충류, 양서류, 조(鳥)류, 쌍떡잎식물, 외떡잎식물이라는 단어도 많이 들었지요? 정확한 표현은 포유강, 파충강, 양서강, 조(鳥)강(어색하지만 백과사전에 엄연히 존재하는 단어), 쌍떡잎식물강, 외떡잎식물강입니다. 다음으로 세밀한 분류는 '목'입니다. 이제는 사용하는 이름이 상당히 구체적입니다. 그리고 생물학을 전공하지 않은 이상 해당 생물을 뭉뚱그려서 사용하다 보니 더 세부적인 분류체계와 이름을 같이 쓰는 경우가 많지요. 식육목(고기 먹는 포유류), 악어목, 벼목, 장미목 등이 여기에 해당합니다. 다음은 '과'입니다. '목'보다 더 구체적입니다. 고양잇과, 갯과, 볏과, 장미과 등입니다. 식물 같은 경우는 '목'과 이름이 같은 경우가 매우 많습니다. 아무래도 식물은 동물보다 구조가 단순하니 세부적으로 구분하기가 어렵겠지요. 다음은 '속'입니다. 큰고양이속, 개속, 벼속, 장미속 등인데 역시 식물은 이름이 같은 경우가 다반사죠. 다음은 마지막, 가장 작은 범위의 분류체계인 '종'[2]입니다. 이건 일상생활에서 많이 사용하지요. '품종을 개량했다.', '멸종위기종이다.' '종자가 훌륭하다.' 등에서 사용하는 '종'입니다. 이제는 현실에서 굳이 '종'이라는 말을 끝에 붙이지 않아도 됩니다. 호랑이, 늑대, 벼, 장미 등처럼 말이죠. 가장 세분화된 분류체계부터 가장 큰 분류체계까지 연결하면 '종<속<과<목<강<문<계'가 됩니다. 계속 미지의 생물이 발

---

2) 서로 생식을 통하여 같은 유전자 구성을 갖는 자손을 낳을 수 있는 개체군의 집단임. — 위키백과.

견되면서 더 세부적인 분류단계를 도입하기도 하지만 '종-속-과-목-강-문-계' 7단계가 기본입니다. 지금까지 얘기했던 분류체계를 가지고 몇 가지 예를 들어 볼까요?

세계적인 멸종위기종이지만 한국에는 너무 흔해 문제가 되는 고라니는 동물계-척삭동물문-포유강-소목-사슴과-고라니속-고라니로 분류됩니다. 한국 사람들이 좋아하는 새, 까치는 동물계-척삭동물문-조강-참새목-까마귀과-까치속-까치, 맛있는 사과는 식물계-속씨식물문-쌍떡잎식물강-장미목-장미과-사과나무속-사과나무의 열매랍니다. 사람도 분류체계에 의해 분류할 수 있겠지요? 사람은 동물계-척삭동물문-포유강-영장목-사람과-사람속-사람으로 분류됩니다. 영장목에는 대부분 원숭이가 포함되고, 사람과에는 사람을 포함한 고릴라, 오랑우탄, 침팬지가 포함되지요. 그러면 사람속에는 사람을 제외한 어떤 생물이 포함될까요? 바로 지금은 사라진 현생인류의 조상, 네안데르탈인, 호모 하빌리스[3] 등이 포함됩니다. 이제 사람속, 사람종에는 현생인류인 호모 사피엔스만 남았지요.

버섯에 관한 질문으로 다시 돌아갑니다. 세상에 살아 있는 모든 것을 동물과 식물로만 분류할 수 있는 것이 아니었습니다. 버섯은 광합성을 하는 식물도, 다른 생물을 소화하여 에너지를 얻는 동물도 아니지요. 수백 년 전에는 버섯을 식물로 분류했습니다. 이제는 '동물'계와

---

3) 약 233만 년~140만 년 전 제4기 플라이스토세에 살았던 사람속 화석인류로 도구를 사용하는 사람이라는 뜻임.

'식물'계가 아닌 '균'계로 분류합니다. '균'계에 균은 대장균, 젖산균처럼 일반적으로 생활 속에서 얘기하는 미생물을 지칭하는 것이 아닙니다. 세균의 '균'과 균계의 '균'이 한자로는 같게 '菌'이라고 쓰지만, 뜻은 다른 것이죠. 균계는 몸 대부분이 유기물에 붙어 기생하기 위한 균사로 이루어져 있으며, 번식을 포자로 한다는 특징이 있습니다. 포자로 번식하는 곰팡이도 버섯처럼 균계로 분류합니다.

생물의 분류에 대하여 조금만 더 자세히 알아보겠습니다. 계속 변화하고 있습니다만 전문적이지 않은 선에서 세상의 생물은 총 5개로 분류하고 있습니다. 위에서 말했던 '동물'계, '식물'계, '균'계와 함께 '원핵생물'계, '원생생물'계가 포함됩니다. 핵과 세포질이 구별되지 않는, 즉 세포의 형태를 제대로 갖추지 않는 원핵생물로는 식중독을 일으키는 살모넬라균, 흑사병으로 유명한 페스트균, 건강에 도움이 되는 젖산균 등 수많은 세균이 있습니다. 중·고등학교에 있는 일반적인 현미경으로 실물을 영접하기 어려운 상대입니다. 1,000배 이상의 확대가 필요하거든요. 그리고 세포의 형태를 제대로 갖추고 있는 단세포 또는 다세포생물들은 원생생물로서 못생긴 친구들을 놀릴 때 써먹던 짚신벌레나 아메바 등이 있지요. 크기가 원핵생물보다는 훨씬 큰 편이어서 평범한 실험실 현미경의 낮은 배율로도 쉽게 볼 수가 있습니다.

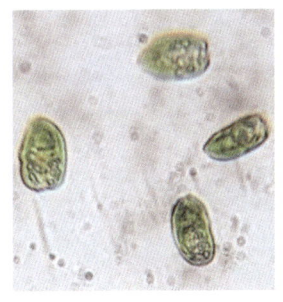 

테트라셀미스(식물성플랑크톤)　　　　짚신벌레

　이렇게 5개로 지구에 사는 생물들을 분류하고 있지만, 계속 새로운 생물이 발견되고 분류체계를 보완하고 있으니 바뀔 수 있어요. 지금도 계보다 더 큰 분류체계로 '역'이나, 종보다 더 세부적인 분류체계로 '아종' 같은 것을 사용하기도 합니다. 아직 인간들이 발견하지 못한 생물들이 많다고 하니까 또 변하겠지요. 사실, 이유 없이 탄생하고 진화를 거듭하며 돌연변이까지 일어나는 수많은 생물을 인간의 필요성에 의해 확실히 분류한다는 것은 한계가 있을 수밖에 없습니다. 따라서 새로 발견되는 생물들은 그 한계를 계속 시험하게 될 것입니다. 너무나도 많은 생물을 분류 구별하고, 새로운 종인지 여부를 알아내기조차 쉬운 일이 아니기 때문에 '생물분류기사'라는 직업도 생겼답니다. 실제로 우리나라에서도 생물분류기사를 식물과 동물로 나누어 국가 공인 자격시험을 보고 있답니다. 아직은 자격 제도를 도입한 지 얼마 되지 않은 신생 분야이니 동물, 식물을 좋아하는 학생들은 도전해 보는 것도 좋을 듯싶습니다.

바이러스 얘기를 잠깐 하고 얘기를 끝내겠습니다. 바이러스는 어디에 분류해 놓아야 할까요? 박테리아, 바이러스를 같은 것으로 잘못 알고 있는 학생들이 있습니다. 박테리아는 대체로 원핵생물, 즉 세균들을 이르는 말입니다. 하지만 바이러스는 완전히 다른 존재입니다. 세상에서 가장 단순한 생물이라고 볼 수도 있고, 세상에서 가장 복잡한 무생물이라고도 볼 수 있죠. 자기 복제, 유전 등이 가능해서 생물이라고 볼 수도 있고, 기본적인 세포기관이 없고 독립적인 물질대사도 없기에 무생물로도 볼 수 있기 때문입니다. 감기, 독감, 천연두, 수두, 홍역, 광견병, 소아마비, 일본뇌염, 에이즈, 메르스, 사스, 조류 독감, 그리고 코로나-19까지 많은 바이러스에 의한 질병을 생각하면 앞으로 바이러스에 관한 연구는 더욱 활발해지겠네요.

14 저 별은 나의 별, 저 별은 너의 별

? **"별의 이름을 몇 개나 아니?"**

"천문학을 쓸데없이 뭐 하러 공부해요?"

기본 지식

우리 은하는 지름이 약 10만 광년이고, 은하 속에 별의 수는 약 1~4천억 개가 있다고 봅니다. 약 250만 광년 떨어진 거리에 우리 은하에서 제일 가까운 안드로메다은하가 있습니다. 태양계는 우리 은하의 중심과 나선 팔 끝의 중심에서 조금 바깥쪽에 있습니다.

천문학에 관해 얘기하면 꽤 과학을 좋아했던 아이들도 이걸 뭐 하러 배우냐고 합니다. 현실에 도움도 안 되고 이해할 것도 없다고 넋두리를 늘어놓지요. 그때마다 10대 아이들에겐 어울리지 않는 여유, 겸손, 허무, 철학 같은 말을 꺼내면 드물게 몇 명은 고개를 끄덕입니다. 비록 바쁘고 힘들게 공부하고 있는 대한민국 아이들에겐 안 어울리는 말이지만, 천문학 단원을 공부하면서 여유와 겸손을 찾고 잠시나마 일상의

아등바등함에서 벗어났으면 합니다. 우주, 은하, 항성, 성운 등의 규모나 거리를 생각하면 지구, 태양조차 하찮기가 그지없기에, '나'란 존재를 많이 내려놓고 왠지 철학적으로 되는 것 같은 기분을 느낄 수 있죠. 그래서인지 본격적인 천문학도 유명한 철학자가 즐비한 고대 그리스에서 체계화됩니다.

밤하늘을 보면 맨눈으로는 약 3천 개 정도의 별이 보인다고 합니다. 물론 전기가 없어 밤이 깜깜했던 시절 얘기지요. 고대 그리스 천문학자 히파르코스는 맨눈으로 보이는 이 별들을 밝기에 따라 가장 밝게 보이는 1등급부터 가장 희미한 6등급까지 나누었습니다. 숫자가 낮아질수록 밝은 것입니다. 현재는 더 정밀하게 소수점 자리까지 나누어 놓았고, 1등급보다 2.5배 밝은 0등급, 0등급보다 2.5배 밝은 -1등급 등으로 표현하고 있습니다. 가장 희미한 6등급까지의 별은 약 8,000개 이상이지만, 지구에서 우리는 지평선 위 반구의 하늘만 볼 수 있으니 8,000개의 절반만 볼 수 있습니다. 그리고 지평선이 울퉁불퉁하니 또 일부는 볼 수 없어 약 3,000개 정도를 볼 수 있다고 말합니다. 물론 대기오염도 없고 완전 깜깜한 시골집에서나 가능한 숫자지요. 도시에서는 기껏해야 3등급 정도가 보일까 말까. 그렇다 보니 맨눈으로 볼 수 있는 별은 약 200개 정도라고 합니다. 그중에서도 우리가 제일 잘 아는 별이 바로 큰곰자리의 북두칠성이겠죠? 7개의 별 중 6개가 2등급, 1개가 3등급이며 4계절 내내 잘 보이기 때문입니다.

북두칠성은 큰곰자리 중 잘 보이는 일부에 대한 명칭이고 별의 이름

질문 더하기 과학 수업

은 아닙니다. 혹시 북두칠성에 속하는 별 각각의 이름을 아는 것이 있을까요? 엄연히 북두칠성 7개 별 각각의 이름이 있습니다. 국자 끝에서 손잡이 쪽으로 순서대로 두베, 메라크, 페크다, 메그레즈, 알리오츠, 미자르, 알카이드입니다. 우리나라 천문도에는 천추, 천선, 천기, 천권, 옥형, 개양, 요광으로 이름 지어져 있습니다. 이 중 아마도 가장 유명한 별은 손잡이 쪽에서 2번째 별 미자르가 아닐지 싶네요. 왜냐하면, 쌍성 즉, 별 두 개가 하나처럼 보이기 때문입니다. 맑은 날씨 밤에 눈을 부릅뜨고 미자르를 쳐다보면 별이 두 개인 것을 볼 수 있지요. 그래서 로마 군인들의 시력 측정에 이용했다고 알려져 있습니다. 저도 어릴 때는 보였는데 지금은 전혀 …. 매일 볼 수 있는 별들이니 당장 오늘 밤에 자신의 시력을 테스트해 볼까요?

북두칠성 각각의 별 이름은 너무 어렵지요? 그렇다면 진짜 별의 이름은 몇 개나 알고 있을까요? 혹시 샛별? 안타깝지만 샛별은 별이 아니죠. 천문학에서 별은 항성(스스로 에너지를 발산하여 빛을 내는 천체)을 말하는 것인데 샛별은 아닙니다. 샛별은 태양계의 행성이자 지구와 제일 가까운 행성, 금성을 말하는 것이잖아요. 달처럼 햇빛에 반사된 것일 뿐입니다.

그렇다면 여기서 잠깐! 샛별처럼 별이 아닌데 별처럼 위장한 천체가 또 뭐가 있을까요? 금성과 비슷한 조건의 천체죠. 태양과 가까이 있다는 조건과 지구와 가까이 있을 조건을 만족한 천체입니다. 바로 수성(약 -2등급), 화성(약 -2등급), 목성(약 -3등급), 토성(야 1등급)이죠. 금성(약 -5등급)에 비교하면 밝지 않지만 다른 진짜 별들에 비하면 엄청나게 밝게 보일 것입니다. 천왕성도 보일 수 있지만 약 6등급이니 여간해서는 맨눈으로 보이지 않겠네요. 그런데 왜 등급 앞에 전부 '약 … 등급'이라고 '약'을 붙였을까요? 즉, 수성, 화성, 목성, 금성, 천왕성의 등급을 정확히 표현하지 못하는 이유는 뭘까요? 그건 지구와 가까운 거리에서 태양 주변을 돌고 있으니, 지구와의 거리가 일정하지 않기 때문입니다. 거리가 가까워졌다가 멀어졌다가 하니 밝기도 따라서 밝아졌다가 어두워졌다고 하겠지요. 또한, 달처럼 태양, 지구, 행성이 이루는 각도에 따라 달라지는 태양 빛 반사 면적도 밝기에 영향을 미치겠습니다.

다시 본론으로 돌아가서 가짜 별 말고 진짜 별의 이름을 몇 개나 알고 있나요? 혹시 밤하늘에 보이는 3천 개나 되는 별 중에 이름을 불러 줄 대상이 하나도 없진 않은가요? 이름도 모르고 어떻게 애인에게 별을 따다 줄 수 있겠습니까? 낭만적인 연애를 위해서라도 유명한 별부터 알아보자고요.

가장 유명한 별로 무엇을 뽑고 싶은가요? 아무리 별에 관심이 없어도 이 별은 알지 않을까요? 제가 생각하는 가장 유명한 별은 일단 희소가치가 높다 못해 유일한 별입니다. 밤하늘의 별들은 모두 서서히 회전합니다. 사실 별이 회전하는 것이 아니라, 지구가 자전하기 때문에 그렇게 보이는 것을 알고 있겠죠. 그런데 우연히 지구 자전축의 연장선에 있어서 회전하지 않는 별이 있습니다. 그래서 예로부터 먼 길을 나선 나그네에게 방향을 알려 주는 나침반과 같은 역할을 한 별이죠. 바로 북쪽에 고정된 별, 북극성! 영어로는 폴라리스입니다.

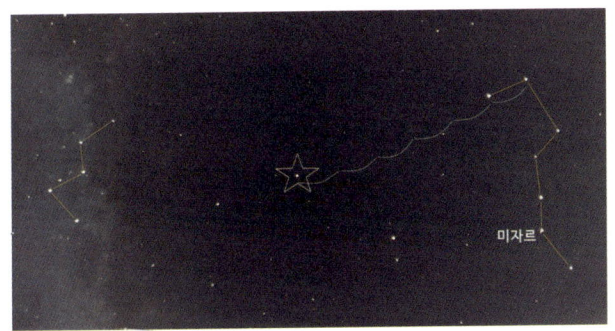

카시오페이아, 북극성, 북두칠성 ― 스텔라리움 이미지

  유일하게 움직이지 않고 밤이나 낮이나 같은 자리에 있는 별, 북극성 정도는 손가락으로 가리키며 이름을 불러 줄 수 있어야 나중에 "저 별은 나의 별♪ 저 별은 너의 별~♬" 닭살 커플이 될 수 있지 않겠나요? 찾기도 쉽습니다. 물론 북쪽이 정확히 어느 쪽인지 안다면 더 쉽게 찾겠지만[1], 북쪽이 어딘지 알게 해 주는 가치를 지닌 북극성의 의미가 퇴색하니 다른 방법으로 찾아보겠습니다. 하늘을 휘~ 둘러보면서 사계절 언제나 쉽게 찾을 수 있는 국자 모양의 북두칠성을 찾습니다. 그리고 국자 끝이 가리키는 방향으로 국자 끝 면의 길이에 5배 정도를 더

1) 북극성은 정북 방향으로 지표면에서 그 지역의 위도만큼 떠 있음.

가면 그 유명한 별이 기다리고 있을 것입니다. 바로 북극성이죠. W 모양으로 유명한 카시오페이아 별자리를 이용해서 찾을 수도 있습니다. 북극성은 카시오페이아와 북두칠성 사이에 끼어 있는 형국이거든요. 살짝 실망스러울지도 모르겠습니다. 유명한 것치고는 밝기가 2등급인 별로서 좀 초라한 모습이니 정성껏 봐야 하겠습니다.

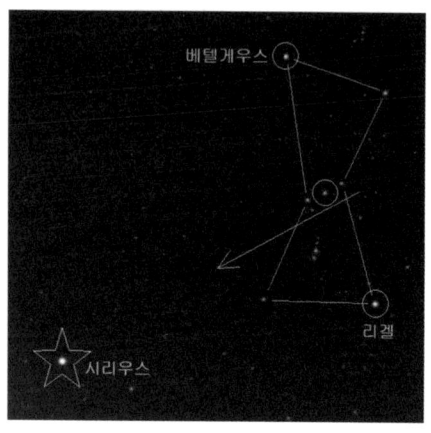

그렇다면 이번엔 화려한 별을 찾아보겠습니다. 가짜 별은 빼고, 진짜 별 중에서 가장 밝은 별. 바로 시리우스입니다. 해리포터의 대부 이름, 시리우스 블랙에도 사용된 별이죠. 이 별이 유명한 이유는 금방 언급한 것처럼 가장 밝아서입니다. 밝기가 1등급이 아니고, 더 밝은 0등급도 아니고, 더욱더 밝은 -1.5등급이죠. 가짜 별인 샛별만큼은 못하지만 진짜 별 중에서는 가장 밝습니다. 시리우스도 참 찾기 쉽습니다.

북두칠성을 이용하여 북극성을 찾은 것처럼 시리우스도 유명한 별자리를 이용하면 편리하거든요. 유명한 별자리 중 하나인 오리온자리를 먼저 찾습니다. 별 세 개가 나란히 있는 너무도 유명한 별자리죠. 위아래 있는 별은 1등급이고 가운데 있는 별이 2등급입니다. 또, 가운데 있는 별은 바로 옆에 좌우로 비슷한 밝기의 별을 양옆으로 거느리고 있죠. 거느린 양옆의 별을 따라 위아래에 있는 1등급 별 사이의 거리보다 조금 더 떨어진 곳에 엄청나게 밝은 별이 바로 큰개자리의 시리우스입니다. 밤하늘에서 제일 밝은 별이니 안 보이면 빨리 안과 병원을 방문하는 것을 추천합니다. 단, 시리우스는 북극성처럼 계절에 상관없이 매일 밤에 볼 수 있는 별은 아닙니다. 겨울을 대표하는 별 중 하나이기에 여름에는 거의 볼 수가 없죠. 봄에는 저녁에만, 가을엔 새벽에만 볼 수 있으며 겨울엔 언제든 볼 수 있습니다.

사진에서 오리온자리의 위쪽에 동그라미 친 별도 별 좀 아는 사람에겐 유명한 별입니다. 베텔게우스라는 이름을 가진 별로 태양보다 지름이 500배 이상인 거대한 별이라네요. 눈으로 보기에도 '어~ 저 별은 별색깔이 흰색이 아닌데?'라는 느낌을 받을 것입니다. 별은 주로 흰색이나 밝은 푸른색으로 보이는데 베텔게우스는 아닙니다. 망원경으로 보면 확실히 붉은색이지만 눈으로 봐도 화성처럼 불그스레한 것을 알 수 있는 몇 안 되는 별이죠. 아주 멀리 떨어져 있는(430광년) 별이라는데 워낙 커서 0.5등급으로 매우 밝게 보입니다.

또 유명한 천체로 무엇을 소개할까요? 요즘같이 흐릿한 밤하늘에서 가장 보고 싶은 것은 바로 은하수일 것 같습니다. 도시에서는 도저히 볼 수가 없습니다. 하지만 우리에겐 상상력이 있습니다. 무턱대고 상상할 수는 없으니 어디 있을지 예상하고 상상해 볼까요? 은하수의 위치를 예상할 수 있는 도우미 별을 찾아보겠습니다. 바로 은하수에 놓인 오작교를 사이에 두고 마주 보고 있는 견우성과 직녀성입니다. 직녀성, 베가는 밤하늘에서 5번째로 밝게 보이는 별(0등급)이라 찾기 쉬울 수도 있지만, 우리 눈이 밝기를 정확히 비교할 수 있지는 않으니 마냥 쉽지는 않겠네요. 여름철 밤에 대충 남쪽을 쳐다보면 별 세 개[2]가 삼각형으로 빛나고 있을 것입니다. 이 세 별은 여름철 밤 내내 보여서 여름철을 대표한다고 여름철 대삼각형이라고 부르죠. 주의할 사항은 이 세 별이 밝다 한들 가짜 별보다 밝지는 않습니다. 따라서 과도하게 밝은 별은 제외해야 합니다. 물론 수성은 지평선에 아주 많이 붙어 있을 테니 제외하고, 금성은 과도하게 밝기도 하거니와 새벽과 일몰 후 몇 시간만 보일 테니 제외할 수 있겠네요. 화성도 유별스럽게 불그스레할 테니 제외하면 목성, 토성이 남습니다. 특히 약 1등급으로 적당한 밝기를 가진 토성이 문제입니다. 목성은 너무 밝아서 진짜 별들과 확연하게 다르거든요. 토성은 별자리프로그램으로 확인하거나, 천체망원경으로 고리를 확인하는 것이 가장 확실하겠습니다.

이제 삼각형의 꼭짓점을 이루는 세 별 중, 주변의 별과 십자가 모양

---

2) 베가(직녀성) 5번째, 알타이르(견우성) 12번째, 데네브 19번째로 밝음.

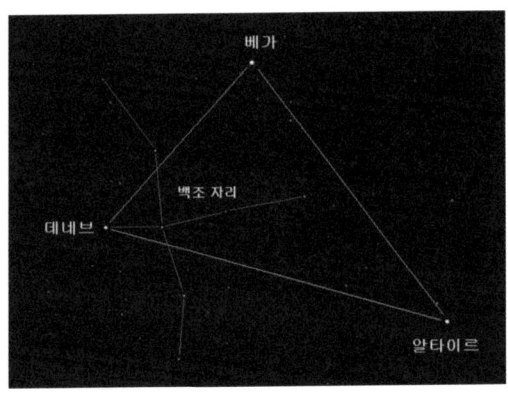

을 이루는 별을 찾습니다. 여름철 대삼각형 꼭짓점 세 별 중 가장 어두운 별이죠(1.25등급). 그 별이 데네브라고 불리는 별이고, 그림과 같이 십자가 모양을 이루는 별자리가 바로 백조자리입니다. 그리고 그 백조는 은하수 위를 나는 방향으로 있지요. 이제 눈을 부릅떠 볼까요? 혹시 데네브와 백조자리를 따라 희미하게 뿌연 길이 보이나요? 답답하다고요? 천문대로 가족여행을 계획해 보죠. 혹시 백조가 날아가는 방향을 기준으로 왼쪽의 직녀성과 오른쪽의 견우성을 잇는 오작교까지 보일지도 모릅니다.

앞에서 북극성 찾을 때 잠시 등장했던 알파벳 W 모양의 카시오페이아 별자리를 빼고 끝내려니 아쉽습니다. 카시오페이아는 에티오피아 왕비로서 그리스신화에서 안드로메다 공주, 페르세우스, 포세이돈과 얽히는 재밌는 이야기의 주인공입니다. 이번 글은 카시오페이아 별자리에 얽힌 신화 얘기로 마무리하겠습니다. 이 이야기이 주인공들이 차지하는 별자리 면적이 밤하늘에서 제일 넓습니다. 한쪽 시야에 다 들어오지도 않을 정도랍니다. 국제천문연맹이 공식 지정한 88개의 별자리 중 5~6개[3]나 등장하거든요. 보통 다른 신화에는 1~3개만이 등장하는 것과 비교하면 정말 대단하죠? 아빠, 엄마가 되어서 아이와 함께 카시오페이아를 찾아 그에 얽힌 이야기를 들려주는 모습. 상상만 해도 낭만적입니다.

옛날 옛적에, 에티오피아의 왕 케페우스의 아내였던 카시오페이아는 허영심과 자만심이 많았습니다. 그녀에게는 예쁘고 마음씨 착한 딸 안드로메다 공주가 있었는데 공주 자랑을 끝도 없이 하고 다녔죠. 심지어, 바다 요정을 공주와 견주며 헐뜯고 다니기까지 했습니다. 바다의 신인 포세이돈이 그 사실을 알고 벌하기 위하여 괴물 고래를 에티오피아 해안으로 보내 사람들을 위협했죠. 에티오피아 왕 케페우스는 예언가를 통해 공주를 괴물 고래의 제물로 바쳐야만 포세이돈의 분노를 달랠 수 있다는 얘기를 듣게 됩니다. 카시오페이아 왕비는 후회했지만, 나라를 구하기 위해 할 수 없이 공주를 제물로 바칠 수밖에 없었죠. 바다 바위에 묶여 괴물 고래에게 잡아먹힐 찰나, 마침 메두사를 해치우고 지나가던 페르세우스가 메두사의 머리로 괴물 고래를 돌로 만들고 공주를 구하게 되었습니다. 포세이돈은 자기 명령을 따르다가 죽은 괴물 고래를 별자리로 만들어 고래자리가 되었고, 제우스는 나중에

....

3) 카시오페이아, 케페우스, 안드로메다, 페르세우스, 고래 그리고 페르세우스가 메두사를 죽이고 타고 온 페가수스까지 포함하면 총 6개나 이 신화와 관련됨.

질문 더하기 과학 수업

이 일을 일으켰던 에티오피아의 왕 케페우스, 왕비 카시오페이아, 공주 안드로메다, 그리고 페르세우스를 별자리로 만들었습니다. 특히 카시오페이아 왕비는 포세이돈의 징벌로 별자리가 되어서도 하루의 반은 거꾸로 매달리게 만들고 바다(수평선)에 내려앉아서 쉬지도 못하게 하였다고 합니다. 그래서 카시오페이아 별자리는 1년 내내 종일 지평선에 닿지 못하고 북극성 주변을 빙빙 돌고 있다네요. 이게 북극성 주변에 있는 카시오페이아 별자리 가족의 이야기입니다. 카시오페이아 별자리는 그냥 항상 같은 자리에 있는 북극성 바로 옆에 있는 덕분에 북두칠성처럼 4계절, 밤 내내 보일 뿐인데 참 이야기를 잘 가져다 붙이죠? 이런 것이 서양 사람들 창의력의 원동력 아닐까 싶어 부러울 따름입니다.

이대로 끝내기가 또 아쉬워 한 가지만 짧게 얘기하고 끝내겠습니다. 카시오페이아 왕비의 딸, 안드로메다 공주. 안드로메다를 그냥 넘어가려니 너무 아쉽거든요. 안드로메다 하면 별자리보다 은하가 더 유명하죠? 우리 은하와 가장 가까운 이웃 은하인 안드로메다은하는 바로 안드로메다 별자리 안에서 볼 수 있습니다. 퀴즈 하나 낼까요? 밤하늘에서 맨눈으로 볼 수 있는 천체 중 유일하게 우리 은하 밖에 있는 것이 있습니다. 바꿔 말하면 밤하늘에서 맨눈으로 보이는 것 중 이것만 빼고 모두 우리 은하 안에 있는 것입니다. 이것은 무엇일까요?

바로 약 250만 광년이나 떨어져 있는 안드로메다은하입니다. 망원경으로는 넓적한 원반 형태까지 볼 수 있죠. 용돈 좀 모아 놓은 것이 있다고요? 망원경 구매에 도전해 보죠. 요즘은 'made in china' 덕분에 안드로메다은하를 제대로 볼 수 있는 망원경도 그다지 비싸지 않습니다. 용돈 모은 것이 전혀 없다고요? 안드로메다로 향하던 〈은하철도 999〉[4]의 추억을 담으러 천문대로 고고고.

---

4) 대한민국에서 1982~1983년까지 방영한 일본 애니메이션. 주인공 철이와 메텔이 안드로메다로 기계 몸을 받기 위해 은하열차 999호를 타고 떠나는 여행기. 80~90년대 최고의 만화영화 중 하나임.

⑮ 철 vs 구리

? **"핏속에 왜 구리가 들어 있는데요?"**

"무엇이 달라서 많은 동물의 피가 철이 아닌 구리로 만들어졌는데요?"

기본 지식

어류, 양서류, 파충류나 인간이 속한 포유류의 척삭동물문은 주로 철이 핵심 성분인 헤모글로빈으로 산소를 운반하는 빨간색 혈액이고, 곤충류를 포함한 절지동물문의 상당수가 구리가 핵심 성분인 헤모시아닌으로 산소를 운반하는 파란색 혈액이다.

혈액에 대해 수업할 때 학생들에게 "왜 피가 빨간색이니?", "왜 피가 색깔이 밝은 빨강, 짙은 빨강으로 다르게 보이니?" 등의 질문으로 시작하곤 합니다. 상당수의 아이가 헤모글로빈 얘기를 하며 아는 바를 얘기하지요. 또 질문합니다. "헤모글로빈이 왜 빨간색이 되는데?" 이제 소수의 아이가 헤모글로빈 속에 철이 들어 있어서 빨갛다고 대답합니다. 계속 질문합니다. "피는 모두 빨간색이니?" 이제는 정말 극소수의

아이들이 "오징어 피", "헤모시아닌", "파란색 피" 등 기특한 얘기를 합니다. 질문을 이어 갑니다. "핏속에 헤모시아닌을 가진 상당수의 동물은 피가 파란색인 이유가 뭘까?" 이 물음에 대답하는 학생은 매우 드뭅니다. 대답했던 학생이 있었던가 싶은 정도이죠.

요즘이야 워낙 과학책도 만화로 재미있게 나오기도 하고, 과학지식을 인터넷에서도 쉽게 설명하니 본인의 관심과 약간의 노력만 있으면 피가 파란색인 이유쯤은 금방 찾을 수 있습니다. 예전에 신규 교사 무렵의 시절엔 핏속에 철이 있다는 정도만 알려 주어도 감탄사와 신기한 표정을 얻을 수 있었는데, 요즘은 핏속에 철 대신 구리가 있으므로 피가 파란색인 동물이 있다고 해도 그냥 시큰둥한 표정입니다.

아무튼, 일부 동물의 피가 파란색인 이유는 철을 가진 헤모글로빈 대신 구리를 가진 헤모시아닌 때문입니다. 구리가 산소와 결합하여 산소를 운반하는 대상이 되지요. 헤모시아닌 속 구리가 산소와 결합하면, 구리가 푸르스름하게 녹이 슬 듯 푸르스름한 피가 되는 것입니다. 산소를 거의 붙이고 있지 못하면 투명에 가까우므로 파란색을 보기가 힘들다고 합니다. 그래서 헤모시아닌을 가진 오징어, 문어에게서 파란색을 본 적이 없는 것이겠죠.[1] 헤모글로빈도 철에 산소가 많이 붙으면 아주 붉은 선홍색이 되고, 산소가 적게 붙으면 철의 원래 색깔인 회색에 가까워지니 검붉은색이 되는 것과 비슷합니다. 이렇게 설명하고 나

---

[1] 외부로 흘러나온 오징어 피의 헤모시아닌은 낮은 농도를 가진 대기의 산소와는 거의 결합하지 못함.

서 질문이 없냐고 물어보고 잔뜩 기대에 부푼 표정으로 학생들을 바라보지만, 아쉽게도 한 번도 질문을 받아 본 적이 없습니다.

"왜 철이 아닌 구리로 산소를 운반하는데요?"

이 간단한 질문을 한 번도 받는 적이 없습니다. 일부의 동물은 우리 인간과 개, 고양이, 소, 토끼처럼 핏속에서 철로 산소를 운반하는 것이 아니라 구리로 산소를 운반한다고 하질 않는가. 그럼 이어서 바로 '왜 그런데요?'라는 이 질문이 나오지 않는 상황이 너무 아쉽습니다. 짧게 '왜요?'라고만 해도 되는데… 이 질문을 왜 한 번도 받아 본 적이 없는지… 분명히 호기심을 끌어내지 못한 교사도 반성해야 할 부분이 있겠지만, 교사의 문제로만 치부하기엔 너무 쉬운 상호작용조차 안 일어나고 있는 것입니다. 과학과 교육과정의 목표를 보면 자연 현상에 대한 흥미와 호기심을 갖는 것이 과학의 시작인데, 자연 현상이 전혀 궁금하지 않다고 봐야 하죠. 부족한 교사의 역량을 외면하고 핑계를 대자면, 자연 현상을 아는 것이 내 생활에 도움이 된다고 느끼지 못해서이지 않을까요?

교육과학기술부가 고시한 2009 개정 과학과 교육과정의 목표는 다음과 같습니다.

가. 자연 현상을 탐구하여 과학의 기본 개념을 이해한다.
나. 자연 현상을 과학적으로 탐구하는 능력을 기른다.
다. 자연 현상에 대한 흥미와 호기심을 갖고, 문제를 과학적으로 해결하려는
   태도를 기른다.
라. 과학, 기술, 사회의 관계를 인식한다.

2015년, 2022년 개정된 과학과 교육과정의 목표도 크게 다르지 않고 말이 약간 구체적으로 바뀌어 있습니다. 오히려 2009년 것이 깔끔한 면이 있어 인용했습니다.

교육과정 어디에도 '지식을 많이 습득한다.'라는 목표는 없습니다. 즉, 걸어 다니는 과학백과사전을 만드는 것이 과학교육의 목표가 아닙니다. '이런 자연 현상은 이런 이유로 일어나는 것이다'를 알게 되는 것이 과학 공부가 아니죠. '일부 동물의 피가 파란색인 이유가 구리를 이용하여 산소를 운반하기 때문이다.'라는 사실을 아는 것이 과학 공부가 아니라는 말이겠죠. '일부 동물의 피가 파란색인 이유가 구리를 이용하여 산소를 운반하기 때문이다.'라는 말은 과학 공부의 출발선에 학생들을 세운 정도가 될 것이고, 출발 신호는 "왜요"가 될 것입니다. 일단 자연 현상을 보고 읽어서 알게 되면, 거기에 흥미나 호기심이 생기고 탐구하고 해결하고 싶은 생각이 들게 하는 것이 과학 공부의 출발점이자 과학교육의 목표라고 생각합니다.

엎드려 절 받기라도 좋습니다. 다시 질문합니다. "왜 일부 동물은 철

이 아닌 구리로 산소를 운반할까? 구리가 뭐가 좋아서?". 자~ 이제 일부 동물은 피에 함유된 구리를 통하여 산소를 운반한다는 흥미로운 자연 현상에 호기심을 가졌다고 칩시다. 왜 그런지 탐구해 볼 차례입니다. 지각에 흔한 철을 이용해서 산소를 운반하지 않고, 왜 철에 비해 상대적으로 매우 희소한 구리[2]를 이용하는지를 알아보려면 어떤 정보가 필요할까를 생각해 보는 것부터가 탐구의 시작입니다.

원소	비율(%)	원소	비율(%)
산소	46.1	칼슘	4.2
규소	28.2	나트륨	2.4
알루미늄	8.2	마그네슘	2.3
철	5.6	칼륨	2.1

지각을 구성하는 원소 조성 — WorldAtlas.com

크게 네 가지 정도의 정보로 문제 해결에 다가갈 수 있을 것 같습니다.

첫째, 헤모글로빈과 헤모시아닌은 어떤 차이가 있는가?

둘째, 철과 구리는 어떤 특성, 어떤 차이를 가지고 있는가?

셋째, 어떤 동물들이 구리가 들어 있는 헤모시아닌으로 호흡하는가?

넷째, 헤모시아닌을 가진 동물들의 공통된 특성이 있는가?

이 네 가지 정보를 찾아서 조합해 보면 왜 구리를 이용하여 산소를

....

2) 구리는 지각을 구성하는 원소 중 26위로 0.01% 이하(0.0068%)임.

운반하는지 이유가 드러날 것도 같습니다. 제대로 과학 공부를 하게 될 것이라는 생각이 물씬물씬 들죠.

첫째, 헤모글로빈은 어떤 물질이고 헤모시아닌은 어떤 물질인가?

헤모글로빈은 철을 원료로, 헤모시아닌은 구리를 원료로 사용하고 있다는 것은 이제 기본 지식이고 조금 더 자세한 내용을 알아보겠습니다. 헤모글로빈은 철(Fe^{2+})을 중심으로 질소 원자 4개가 둘러싸고 있는 기본 구조의 단위체(heme) 4개가 모여 만들어져 있습니다. 그러니까 헤모글로빈 1개 안에는 4개의 철 원자가 있고 한 번에 4개의 산소를 운반한다는 말이죠. 참고로 아래 그림을 보면 식물에서 광합성을 하는 엽록체 속에 들어 있는 엽록소의 구조가 헤모글로빈의 단위체 모습과 정말로 닮았죠? 중앙에 철 이온 대신 마그네슘 이온이 있다는 점만 빼고는 정말 흡사합니다. 우연이라고 보기에는 너무 비슷하지요? 전혀 다르게 생긴 동물과 식물이 분자 단위로 내려가면 같은 지구의 생물이라는 걸 실감할 수 있습니다. 동물과 식물이 같은 진화의 굴레를 뒹굴고 있다는 증거가 될 수도 있겠네요.

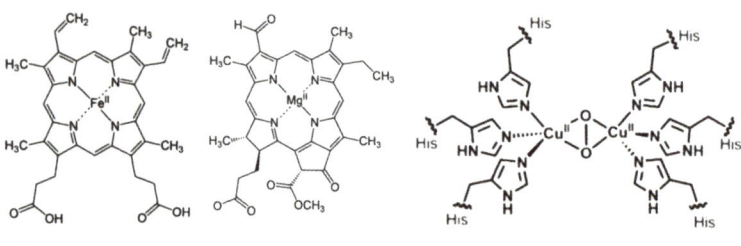

헤모글로빈 기본 구조   엽록소 기본 구조   헤모시아닌 기본 구조

헤모시아닌은 헤모글로빈과 분자 구조에서 약간의 차이가 있습니다. 헤모시아닌은 구리 원자를 중심이 두고 3개의 질소 원자가 둘러싸고 있는 단위체가 사슬처럼 연결되어 덩어리 형태로 존재한다고 합니다. 그 덩어리는 헤모시아닌을 가진 생물마다 조금씩 다른데 투구게의 경우는 덩어리가 매우 커서 하나의 헤모시아닌의 분자량[3]이 하나의 헤모글로빈의 분자량에 10배 이상이라고 하네요. 웹페이지에서 본 투구게의 피가 유달리 파랬던 이유가 거기 있었네요. 아무튼 헤모글로빈과 비교해 헤모시아닌이 크기가 아주 크다고 보면 되겠습니다. 크다고 하니 오해가 있을 수 있을 것 같습니다. 현미경으로 400배 정도 확대해야 대략적인 형태가 보일 정도로 작은 적혈구에 3억 개 가까이 헤모글로빈이 있다고 하니, 헤모시아닌이 헤모글로빈에 비해 상대적으로 크다는 얘기일 뿐입니다.

둘째, 철과 구리는 어떤 특성, 어떤 차이를 가지고 있는가?

헤모글로빈과 헤모시아닌의 결정적인 차이를 만드는 철과 구리의 특성은 어떤 차이가 있는지 나열해 보겠습니다. 철과 구리 하면 가장 먼저 떠오르는 것이 철기 시대, 청동기 시대일 것 같습니다. 청동기 시대가 먼저죠. 구리와 주석의 합금, 청동을 사용하던 청동기 시대 초기에는 순수 구리만을 사용하기 시작했겠지요. 약 기원전 6000~4000년 전쯤으로 보고 있습니다. 이어서 철기 시대는 기원전 3000~1000년 전쯤으로 봅

---

3) 1mol당 분자의 질량. 1mol은 기본적으로 원자, 이온, 분자 등과 같은 입자의 수, 약 6.022×10^{23}개를 1몰(mol)로 정한 묶음 단위임.

니다. 구리가 철보다 먼저 이용된 이유는 바로 녹는점이라는 특성 차이가 큽니다. [4] 잠깐 옆길로 새어 보겠습니다. 구리의 녹는점은 약 1,083℃로서 1,538℃에서 녹는 철보다 450℃가량 낮죠. 구리가 섞여 있는 광석을 가져다 가열하면 구리만 녹여서 광석에서 분리할 수 있습니다. 잘 마른 나무를 태웠을 때 1,200℃ 가까이 온도가 올라가니 구리를 녹일 수 있거든요. 하지만 철을 녹일 순 없습니다. 그래서 철보다는 구리가 더 빠르게 사용되기 시작했겠지요. 이후 숯과 풀무[5]를 이용하여 불의 온도를 더 올리게 되고 철까지 녹이게 됩니다. 숯불구이가 더 맛있는 이유가 짐작되나요? 높은 온도로 겉바속촉의 맛있는 구이가 되거든요.

 녹는점을 시작으로 많은 차이점을 얘기해 보겠습니다. 끓는점, 색깔, 자성, 밀도 등의 차이 정도는 학생들이 충분히 탐구하여 말할 수 있을 겁니다. 교사가 추가할 수 있는 특성 차이는 어떤 것이 있을까요? 열·전기 전도도, 연성[6], 굳기(경도[7]), 산화도(표준생성엔탈피[8]) 등을 추가할 수 있겠습니다. 열팽창률[9]까지 말하면 학생들이 잘난 척, 아는 척한다고 핀잔을 주겠지요? 아래 표는 여러 특성에 대한 철과 구리의 상대적 비교입니다.

....

4) 구리 광석을 순수한 금속으로 분리해 내는 제련 과정이 철보다 훨씬 단순했기 때문에 구리가 먼저 사용된 측면도 있음.
5) 바람을 일으키는 기구. 쇳물을 녹일 때나 부엌에서 불을 지필 때 공기를 빨아들여서 일정한 방향으로 분사할 수 있게 만든 장치임.
6) 물질이 힘을 받아도 끊어지지 않고 가늘고 길게 늘어나는 성질임.
7) 강도와는 다른 개념으로 딱딱한 정도를 의미함. 경도가 너무 높으면 잘 깨짐.
8) 모든 물질이 25℃, 1기압 표준상태에 있을 때 원소로부터 그 화합물 1몰을 생성할 때 수반되는 엔탈피의 변화. FeO와 CuO가 만들어질 때의 생성열(흡열, 발열), 단위는 J/mol.
9) 일정한 압력 아래서 물체가 늘어나는(팽창) 정도의 온도에 대한 비율임.

특성	철	구리
끓는점	높다	낮다
색깔	은색	갈색
자성	있다	없다
밀도	작다	크다
전도도	낮다	높다
연성	작다	크다
굳기	크다	작다
표준생성엔탈피	크다	작다

셋째, 어떤 동물들이 구리가 들어 있는 헤모시아닌으로 호흡하는가?

헤모시아닌의 파란색 피를 가진 동물들을 조사해 보죠. 피를 뽑아 백신 개발에 이용된다는 것 때문에 유명한 살아 있는 화석, 투구게[10]를 비롯하여 대게, 새우 같은 갑각류, 메뚜기, 잠자리 같은 곤충류의 일부, 거미류 등을 포함한 절지동물문[11]과 달팽이, 조개, 문어, 오징어 등과 같은 연체동물의 대부분이 헤모시아닌으로 산소를 운반합니다. 꼬막, 피조개 같은 녀석은 특이하게도 헤모글로빈을 가지고 있으니, 절지동물문과 연체동물문의 모두가 헤모시아닌을 가지고 있는 것은 아닙니다. 그리고 보니 포유류의 혈액이 빨간색이어서 혈액이 빨간색인

-----

10) 4억 년 전부터 살고 있었던 투구게의 핏속에 들어 있는 유주세포는 세균이 감지되면 세균을 둘러싸고 응고시킴. 백신의 안전성 테스트에 이용됨.
11) 외골격으로 둘러싸여 있고, 나누어진 형태가 되풀이되는 몸과 관절로 된 다리 등을 가진 무척추동물을 의미함.

것이 일반적이고, 빨간색이 아닌 것이 특별한 경우라고 생각했는데 아닌 것 같네요. 어류, 양서류, 파충류나 인간이 속한 포유류의 척삭동물문이 주로 헤모글로빈을 가진 빨간색 혈액일 뿐, 곤충류(현존하는 생물종의 80% 이상)를 포함한 절지동물문의 상당수가 헤모시아닌을 가진 파란색 혈액이니까요. 갑자기 파란색 혈액의 원인에서 시작한 공부가 만만한 수준을 넘어서는 느낌이 듭니다.

넷째, 헤모시아닌을 가진 동물들의 공통된 특성이 있는가?

파란색 피의 원인인 헤모시아닌을 주로 가진 절지동물문과 연체동물문의 공통점이 무엇인지 알아보죠. 아이들은 어떤 점들을 알아낼지 기대가 됩니다. (투구)게, 새우, 조개, 오징어, 문어, 메뚜기, 거미 같은 녀석들의 공통점!

먹을 수 있다, 다리가 많다, 동물이다, 똑바로 못 걷는다, 알을 낳는다, 크기가 작다 등의 다양한 학생들의 대답이 나옵니다. 교사가 '무척추동물이다.', '변온동물이다.', '개방 혈관계를 가지고 있다.' 등을 추가합니다. 물론 무척추동물이 무엇인지, 변온동물이 무엇인지, 개방 혈관계[12]는 무엇인지 묻고 대답함이 있어야겠지요.

이제 필요한 정보는 거의 다 주어진 것 같습니다. 정보끼리 연결해 자신의 주장을 만들어 보는 시간을 가지면 좋은 토론 시간이 되겠네

---

12) 혈관이 열려 있어 구멍을 통해 혈액이 조직으로 빠져나가 흐르고 조직 사이를 자유롭게 순환하다가 다시 혈관으로 들어오는 순환계로 조직과 혈액의 구별이 없음. 반대로 폐쇄 혈관계로 혈액이 혈관 안에서만 돌아다니는 순환계임.

요. 머리 맞대고 철과 구리의 특성 차이와 헤모글로빈과 헤모시아닌을 사용하는 종의 특징 차이를 여러 방법으로 엮어 볼 수 있을 겁니다. 이런 주장은 어떨까요?

"구리는 철보다 표준생성엔탈피가 작으니 작은 에너지(열)로 산소와 붙었다 떨어졌다 할 수 있어요. 산소랑 결합한 철의 표준생성엔탈피가 높다는 것은 산소와 결합하기 위해 많은 에너지가 필요하다는 말이고, 산소랑 결합한 구리의 표준생성엔탈피가 작다는 것은 산소와 결합하기 위해 비교적 적은 에너지가 필요하다는 말이죠. 에너지와 열을 충분히 공급받을 수 있는 환경에 사는 생물체는 철이 있는 헤모글로빈을 사용하겠지만, 에너지와 열을 충분히 공급받을 수 없는 환경에 사는 생물체는 헤모시아닌을 사용하는 것이 더 낫겠습니다. 그래서 헤모시아닌을 사용하는 생물들은 대체로 변온동물로서 낮은 체온과 기온이 낮은 곳에 서식하는 것으로 보입니다." 이 주장에 설득력이 있어 보이나요?

역사 시간에 청동기 시대와 이어지는 철기 시대를 배우며 철기 시대의 우수성을 배웠습니다. 당연하게도 구리보다 철이 무조건 우수하다는 편견을 가졌습니다. 하지만 천 년이 훨씬 넘어도 멀쩡한 청동 손잡이와 다 삭아서 문드러져 버린 철 칼날을 보며 무조건 최신 기술이 좋은 것만은 아니구나, 시간이 흐른 뒤 판단이 달라질 수도 있겠구나 싶은 생각이 듭니다. 철은 구리보다 우수한 면이 있을 뿐입니다. 구리가 철보다 우수한 면도 있고요.

삼한시대 청동 손잡이를 가진 철검 — 국립대구박물관 소장

　영화에서 마지막 자막으로 "본 영화는 실화를 바탕으로 각색하였으며, 극적 효과를 위하여 과장하였습니다."라는 문구를 본 적이 있겠죠. 이번 이야기가 그렇습니다. 이렇게 학생과 교사가 정보 이용과 사고의 확장 속에서 자연 현상을 이해하는 수업을 희망합니다.

⑯ 넓은 바다 좁은 육지

? "지구 표면의 70%가 바다인데, 육지가 더 넓으면 어떨까요?"

"넓은 나라가 부러워요. 넓은 바다가 육지였으면 좋겠어요."

기본 지식

물질 1kg의 온도를 1℃ 높이는 데 필요한 열량을 비열이라고 한다. 따라서 단위
는 주로 kcal/kg · ℃를 사용한다. 비열이 큰 물질은 온도를 높이는 데 많은 열이
필요하다. 반대로 비열이 작은 물질은 적은 열에도 온도가 쉽게 변한다. 순수
한 물은 비열이 1kcal/kg · ℃로서 다른 물질의 비열과 비교하는 기준이 된다.

지구의 영역은 크게 기권, 지권, 수
권, (생물권)으로 나누게 됩니다. 성
층권, 오존층 얘기가 나오는 기권, 지
각과 맨틀, 외핵과 내핵 얘기가 나오
는 지권, 그리고 물의 순환, 해류 얘

NASA

기가 나오는 수권을 공부하게 되지요. 세계 지도를 보면 지구 표면의

70%가 물로 덮여 있다는 말이 쉽게 이해됩니다. 대부분 바다로 덮여 있는 푸른색 지구입니다.

드물지만, 육지가 바다보다 더 넓었으면 좋았겠다고 말하는 학생들이 있습니다. 좁은 우리나라 땅에 5천만 명이 넘게 살면서 북적거리니 충분히 가질 만한 생각입니다. 이번엔 지구 표면의 70%를 덮고 있는 물에 관한 얘기를 해 보겠습니다. 재밌게 사람 몸도 70% 가까이는 물로 이루어져 있다고 합니다. 식물은 90% 이상이지요. 그래서 고대 그리스의 철학자이자 과학자이자 수학자인 탈레스는 만물의 근원을 물이라고 주장했다네요. 생물의 몸을 이루고 있는 수많은 물질 중에 물이 압도적으로 많습니다. 그만큼 물은 소중한 물질이겠지요. 많아서 소중한 것이 아니라 너무 특별한 물질이기 때문에 소중하고, 그러한 물이 많은 것이 정말 고마울 따름입니다. 이번엔 물의 특별함을 알게 되는 시간이면 좋겠네요.

먼저 얘기할 물의 특별한 성질은 비열에 대한 것입니다. 비열이란 어떤 물질 1kg을 1℃ 올리는 데 필요한 열량이라고 정의한 물리량을 말합니다. 단위는 주로 cal/g · ℃나 kcal/kg · ℃를 쓰지요. 물질마다 가열했을 때 온도가 올라가는 속도가 다릅니다. 예를 들면 똑같은 질량의 돌과 쇠에 열을 가했을 때 누가 먼저 뜨거워질까요? 경험상 당연히 쇠가 먼저 뜨거워지겠지요. 뚝배기보다 냄비가 먼저 뜨거워지듯이 말이죠. 일반적으로 쇠가 돌보다 비열이 작으므로 적은 열에도 쉽게 온도가 올라가는 것이라고 말할 수 있습니다. 쇠와 돌뿐만 아니라 모든 물질의 비열을 측정할 수 있습니다.

여러 가지 물질의 비열[1]

물질	비열(cal/g · ℃)	비고
물(액체)	1	20℃, 1기압 기준
물(얼음)	0.49	-10℃ 기준
물(수증기)	0.48	100℃, 1기압 기준
에탄올	0.58	20℃, 1기압 기준
공기	0.24	20℃, 1기압 기준
알루미늄	0.21	25℃, 1기압 기준
구리	0.09	25℃, 1기압 기준
철	0.11	25℃, 1기압 기준
유리	~0.20	종류에 따라 다름
나무	~0.41	종류에 따라 다름
모래	~0.20	건조한 모래 기준

　앞의 표에는 순수한 물질이 아니라 혼합물도 있으니, 혼합비율에 따라서 비열이 달라질 수 있습니다. 나열된 여러 물질 중에 단연 특이한 물질이 있지요. 바로 물입니다. 딱 떨어지는 1cal/g · ℃입니다. 물 1g을 1℃ 올리는 데 1cal의 열이 필요하다는 말이지요. 가늠하기 쉽게 표현하자면 흔히 보는 생수 2L짜리 속의 물을 온도 1℃ 올리는 데 2kcal의 열이 필요하다는 의미(1kcal/kg · ℃)입니다. 물은 비열이 딱 1cal/g · ℃라서 특이하기도 하지만 다른 물질에 비해 압도적으로 큰 비열을

---

1) 출처: CRC Handbook of Chemistry and Physics, Perry's Chemical Engineers' Handbook.

가지고 있는 점도 놀랍습니다. 찰랑찰랑한 물이 튼튼한 콘크리트에 비해서도 약 5배, 단단한 철에 비해 약 10배나 큰 비열을 가지고 있습니다. 그렇다면 물의 비열이 자연계에 존재하는 물질 중에 가장 클까요? 그건 아닙니다. 수소, 헬륨, 암모니아[2]가 물보다 큰 비열을 가지고 있지요. 하지만 수소, 헬륨 모두 일상적인 온도에서 기체입니다. 비열은 1g을 1℃ 올리는 데 필요한 열량인데 평상시 온도에서 수소는 밀도가 약 0.0001g/cm³, 물의 밀도는 약 1g/cm³이니 똑같은 1g을 비교해 보면 물에 비하여 수소가 10,000배 이상 큰 부피를 가지고 있습니다. 기체 상태로 어마어마한 부피를 가진 수소, 헬륨, 암모니아는 비열이 크다 해도 어디 이용하기가 어렵겠지요. 그러니 큰 고민 없이 물의 비열이 넘사벽 최고라고 봐도 되겠습니다.

비열이 크다는 말은 두 가지로 큰 의미가 있습니다. 첫 번째, 온도가 잘 안 변한다는 말입니다. 온도가 변하지 않았으면 좋을 곳에 물을 쓰면 좋겠네요. 가벼운 예를 들어 보겠습니다. 냉동 상태를 그대로 보존하기 위해 아이스박스에 같이 넣어지는 아이스팩은 물이 주성분입니다. 그렇다고 아이스팩을 뜯어 하수구에 버리면 곤란한 일이 생길 수 있습니다. 일회용 기저귀에 들어가는 고흡수성 폴리머[3]가 섞여 있으니, 하수구를 막거나 환경을 오염시킬 수 있습니다. 아이스팩에 1% 정도 들어 있는 고흡수성 폴리머가 비열의 변화를 주는 것은 아니고 물

2) 암모니아의 비열: 기체 상태 약 0.51 cal/g · ℃, 액체 상태 약 1.15 cal/g · ℃.
3) 일종의 플라스틱으로서 자기 무게보다 수십 배의 물을 흡수할 수 있음.

을 잘 가두어 둠으로써 더 오래 냉매 효과를 지속시키는 것뿐입니다.

비열이 크다는 것의 의미, 두 번째도 사실은 첫 번째와 같은 말입니다. 비열이 큰 물은 온도를 올리려면 많은 열을 주어야 한다는 말이지만, 반대로 온도가 떨어질 때 많은 열을 내놓기도 한다는 말입니다. 즉, 열을 많이 저장할 수 있다는 말이 되겠지요. 지표면의 70%를 차지하는 넓은 바다는 강렬한 태양이 낮에 보내오는 열을 저장하여 지구가 너무 뜨거워지는 것은 막고, 밤에는 열을 내놓음으로써 너무 식는 것을 막아서 지구 밤낮의 기온 차이를 줄이고 있습니다. 물이 거의 없는 사막을 떠올려 보면 쉽게 이해가 되겠지요. 사막에서 이글거리는 낮과 모닥불을 피워야 하는 밤이 만들어지는 이유는 땅과 대기에 물이 거의 없기 때문입니다. 표면에 물이 없고 대기에도 수증기가 없는 달에 비하면 사막의 밤낮 기온 차이는 새 발의 피입니다. 달은 낮엔 약 120℃, 밤엔 약 -230℃라고 하니 밤낮 기온 차이가 350℃까지 벌어집니다. 이제 사막 같은 환경에서 살고 싶지 않다면 지구 표면에 바다가 더 좁고 땅에 더 넓었으면 좋겠다는 생각은 쏙 들어갔겠지요. 특히, 한여름 낮에 40℃까지 올라가고 한 겨울밤엔 -20℃까지 떨어지는 우리나라 사람은 그 차이가 더 벌어질 것을 생각하면 끔찍합니다. 평소보다 물이 많아져서 문제인 경우도 있습니다. 우리나라는 이 경우에도 문제가 됩니다. 우리나라는 여름철 비가 많이 내리는 장마가 끝난 후 본격적인 더위가 시작되는데 이때는 물이 우리를 힘들게 합니다. 공기 중에 있는 다량의 물(수증기)이 낮에 저장했넌 열을 밤에 내놓으면서 밤에 온도가 떨어지는 것을 방해하고 열대야를 만들게 됩니다. 그래서 우리나라보다 여름에 몇 ℃ 더 높은 온도까지 오르는 지중해 나라보다 체감 온도는 우리나라가 더 높게 됩니다. 지중해 국가나 아프리카에서 낮에 40℃가 넘는다는 뉴스에 저희가 연민을 느낄 필요는 전혀 없습니다. 여름이 건조한 기후라서 그늘만 가도 살 만하고, 해가 지고 나면 언제 더웠냐는 듯 온도가 내려갈 테니까요.

이번엔 더 특별한 물의 특성을 얘기해 보겠습니다. 바로 밀도입니다. 이건 거의 엽기에 가까운 특성입니다. 밀도는 물질을 구성하는 입자의 빽빽한 정도를 나타내는 물리량입니다. 밀

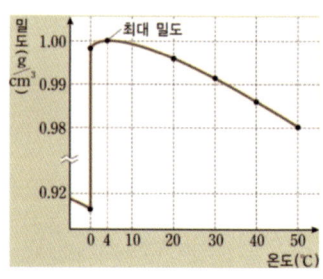

도가 크다는 것은 입자들이 빽빽하게 몰려 있다는 말이고 밀도가 작다는 것은 반대겠지요. 밀도는 부피 분에 질량이라며 구하는 식을 계속 외웠던 기억이 날 것입니다. 보통 물질에 열을 가하면 입자가 활발해지고 따라서 입자들은 서로를 밀어냄으로 입자 간의 간격이 멀어지며 빽빽해지지 못하게 되겠지요. 즉, 밀도가 낮아지게 되겠지요. 밀도는 온도에 영향을 받아서 변할 수 있는 값입니다. 밀도가 압력에도 영향을 받지만, 고체나 액체의 경우는 거의 영향을 받지 않으니, 압력은 신경 쓰지 않겠습니다. 고체에서 가열하면 액체, 액체에서 가열하면 기체가 되니 일반적으로 당연히 고체, 액체, 기체가 되면서 분자 사이가 멀어지고 밀도가 낮아지겠지요. 그런데 물은 너무도 특이합니다. 전

혀 일반적이지 않지요. 물의 밀도는 섭씨 4℃에서 가장 큽니다. 특이하게도 4℃보다 온도가 낮아지면 밀도가 떨어집니다. 온도가 더 낮아져 얼음이 되면 밀도가 갑자기 확 줄어들기까지 합니다. 따라서 부피는 약 10% 증가하는 기현상이 나타납니다.

다시 언급하지만, 주위를 아무리 둘러봐도 물을 제외한 다른 물질은 이런 특성이 없습니다. 너무 특이한데, 주변에 물이 흔하다 보니 얼마나 특별한 성질인지 잊은 채 살고 있을 뿐이지

요. 예를 들면 녹은 쇳물에 쇳덩이를 던지면 고체인 쇳덩이가 밀도가 높으므로 가라앉을 것입니다. 에탄올을 얼려서 액체 상태 에탄올에 던지면 고체 에탄올이 밀도가 높으므로 가라앉을 것입니다. 하지만 물은 그렇지 않습니다. 물과 얼음이 섞이면 얼음이 물보다 밀도가 낮으므로 얼음이 떠오르게 됩니다. 워낙 많이 본 장면이라서 당연하게 생각하지만, 전혀 당연한 것이 아니죠. 덕분에 추운 겨울, 물 표면이 얼어도 얼음이 가라앉지 않고 오히려 단열재 역할을 하며 얼음 아래를 대기의 추위로부터 보호하게 됩니다. 만약에 얼음의 밀도가 물보다 크다면 어떤 일들이 벌어질까요? 일단 추운 겨울, 차가운 공기 때문에 물 표면에서 만들어진 얼음이 계속 아래로 가라앉고 일정한 시간이 지나면 물 전체는 전부 얼음이 되겠네요. 호수나 강이 그런 식으로 전체가 얼어붙으면 그 속에 사는 물고기를 비롯한 생명체는 어쩌죠? 바다는 어디

까지 얼어붙을까요? 겨울철 사용할 물은 어디서 얻죠? 대신에 빙산과 부딪혀 침몰한 타이타닉호의 참극 같은 일이 다시는 일어나지 않겠네요. 빙산은 바다 위에 떠 있지 않을 테니까요.

다음 물의 특별한 성질로 용매로서의 탁월함을 언급하지 않을 수 없습니다. 용매란 용해를 일으키는 물질을 말하는데, 쉽게 말해 다른 물질을 녹이는 물질을 말합니다. 물은 다른 물질을 정말 잘 녹입니다. 소금이나 설탕을 물에 넣어본 적이 있겠지요. 약간의 시간이 지나면 소금과 설탕은 사라집니다. 신기하지 않나요? 갑자기 빠르게 사라지지 않아서 신기하다고 생각하지 않을 수 있는데, 시간을 빠르게 돌리면 확 사라져 버린 소금과 설탕을 신기해할 것입니다. 물과 기름은 서로 섞이지 않는다고 하는데 물은 일부 기름마저도 녹일 수 있는 강력한 용매입니다. 그러니 다른 물질이야 오죽하겠습니까.

미네랄이라고 들어 본 적이 있을 겁니다. 칼슘, 칼륨, 인, 마그네슘, 나트륨, 철, 아연 같은 무기질 영양소들을 지칭하는 용어인데 이 미네랄은 대체로 금속 원소입니다. 이런 미네랄이 잘 녹아 있는 물을 온천수, 약수라고 부르기도 하지요. 물론 우리가 평소 보는 딱딱한 금속의 형태가 아닌 이온의 모습(Ca^{2+}, K^+, Mg^{2+}, Na^+, Fe^{2+}, …)으로 물에 녹아 있습니다. 이 금속 이온들은 아주 작은 양이지만 각각 우리 몸에서 중요한 역할을 합니다. 그렇다고 일상에서 주로 딱딱한 고체 상태로 존재하는 금속을 음식처럼 소화·흡수할 수는 없는 일이죠. 역시 강력한 용매인 물이 나설 수밖에 없습니다. 물은 우리 몸이 필요한 웬만한 것을 다 녹여서 필요한 곳까지 안전하게 운반해 줄 것입니다.

　물은 각종 오염물도 녹여서 씻어 내는 데도 주도적인 역할을 합니다. 사람들은 보통 세제가 빨래의 주인공으로, 주방세제가 설거지의 주인공으로, 비누가 목욕의 주인공으로 오해하는데 주인공은 물이고 세제와 비누는 조연이라고 보는 것이 맞겠죠. 왜냐하면, 세제, 비누에 들어 있는 계면활성제[4]라는 성분이 물과 기름 성분을 섞일 수 있게만 할 뿐, 씻어 내는 역할은 여전히 물이 주도합니다. 물과 기름은 극성과 비극성[5]으로 성질이 달라서 서로가 섞이지 않고 막을 형성하며 경계를 이루게 되지요. 계면활성제가 그 막을 깨어 내는 역할만 해 주면 물이 침투하여 지방 성분을 둘러싸고 하수구로 빠져나가는 겁니다. 실제로 손을 씻을 때 비누가 세균을 죽이는 비율보다 물로 씻겨 내리는 비율이 훨씬 높습니다. 우리 몸속 쓸개즙도 일종의 계면활성제입니다. 소화효소는 수용성으로 기름 소화에 적합하지 않습니다. 기름 성분과 소화효소가 서로 섞여야 빠르게 소화할 수 있는데 물과 기름처럼 섞이지 못하는 것이죠. 소화효소와 기름진 음식물 사이에서 특별한 도움을 주는 천연 계면활성제가 바로 쓸개즙인 것입니다. 그렇다고 쓸개즙을 소화의 주인공으로 착각하는 사람은 없겠죠. 실제로 쓸개가 없이 사는

---

4) 계면활성제(surfactant)는 표면(surface) 활성(active) 물질(substance)을 조합해서 만든 단어임. 콩이나 우유처럼 물과 지방이 섞여 존재해야 하는 물질에는 거의 들어 있음. 우유에 들어 있는 레시틴이라는 물질이 대표적인 천연 계면활성제임.
5) 분자 구조로 인해 생기는 특성으로 전자의 치우침으로 인해 마치 자석의 극이 나뉘는 것처럼 극성이 생긴 물질과 그렇지 않은 물질을 말함.

사람도 있습니다. 지방 소화가 어려울 뿐이죠. 약으로 지방 소화를 도울 수도 있고요. 하지만 물은 대체 불가한 물질입니다.

높은 비열, 엽기적인 밀도, 뛰어난 용매만으로도 차고 넘칠 만큼 특별한 물이지만 상태변화, 표면장력, 모세관현상, 산성·염기성의 양극성 등의 성질도 아직 명함을 내밀려고 기웃거릴 정도로 물은 특별합니다. 이제 이런 물의 특별한 성질이 왜 생겼는지 궁금해야겠지요. 물의 특별한 특성은 바로 물 입자의 구조, 그리고 왜 그런 구조로 산소와 수소가 결합하고 있는지 알면 이해할 수 있겠습니다만…. 얘기가 자꾸 어려워지니 큰일입니다. 물의 특별함에 대한 이 이야기의 마지막은 물의 특별함이 어디에서 기원하는지 간단하게 설명하는 것으로 끝내야 하겠습니다.

물의 특별함의 원인을 단도직입적으로 말하면, 물 분자가 수소 2개와 산소 1개가 약 104.5°의 각도로 붙어 있는 그림과 같은 구조로 만들어져 있기 때문입니다. 물 분자 구조를 보면서 물의 특별함을 설명해 볼까요? 비열이 큰 이유는

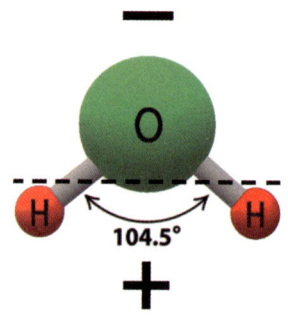

세상에서 가장 작은 원소인 수소가 결합을 주도하고 있어서 전기적 인력이 아주 세기 때문입니다. 가장 작은 원자 수소의 +전하인 핵과 상대편 -전하인 전자가 아주 가깝게 되니까요. 따라서 물 분자들이 강한 전기적 인력으로 서로를 단단히 붙잡고 있으므로 이 결합을 변화시키

는 데 많은 열이 필요하게 되죠. 물에
서 얼음으로 변할 때 부피가 커지는(밀
도가 작아지는) 것은 물 분자 비대칭
구조상 서로 결합할 때 그림의 얼음 분
자 모형처럼 비어 있는 공간이 많이 생
기기 때문입니다. 일상에서 접하는 단
순한 분자 중 생각보다 비대칭 구조의 분자가 거의 없습니다. 용매로
서 물의 특별함도 이 비대칭 분자 구조에 기인합니다. 한쪽은 수소, 한
쪽은 산소로 치우쳐진 구조에서, 산소 쪽이 -전하로, 수소 쪽이 +전하
로 작용하게 되죠.[6] 더 언급하지 않은 표면장력, 모세관현상, 산성·염
기성의 양극성 등도 마찬가지입니다. 이쯤 되면 왜 물 분자가 그림 같
은 비대칭 구조를 가졌는지 궁금증이 안 생길 수가 없습니다. 그러나
이건 원자의 구조와 원자 간의 화학 결합 방식에 대한 이해와 설명이
필요하니 이쯤에서 스스로 노력에 맡겨 보고자 합니다.

....

6) 수소는 산소에 비해 원자 크기가 훨씬 작으니, 외부에서 볼 때 +전하인 핵이 물 분자의 한쪽
으로 치우쳐 있어 수소 쪽이 +극의 역할을 함. 반대로 산소 쪽은 산소가 가지고 있는 -전하(전
자) 중, 수소에 얽매이지 않은 전자들 때문에 -극의 역할을 함.

⑰ 애매한 전압

❓ "전류는 알겠는데 전압은 뭔가요?"

"전류는 전자를 떠올리면 이해되는데, 전압은 뭘 떠올리면 좋을까요?"

기본 지식

전류는 전자가 도선을 따라 이동하면서 전하를 운반하는 흐름으로, 전류의 세기는 단위 시간(1초) 동안 흐르는 전하의 양으로 나타낸다. 1A(암페어)는 1초당 1C($6.24×10^{18}$개의 전자 또는 양성자 전하량)의 전하로 흐르는 전류이다. 전압은 전기회로에서 두 지점 간의 전위차, 즉 전기적 위치 에너지의 차이를 의미하며, 단위는 볼트(V)이다. 전압은 전류를 흐르게 하는 원인으로, 전압이 높을수록 전류가 더 세게 흐른다.

전기력은 태초를 넘어 그보다 훨씬 전에 물질이 만들어질 때 형성된 것입니다. 세상을 존재하게 한 힘이죠. 그 힘은 상반된 두 극으로 존재합니다. 바로 +, -입니다. 가끔씩 학생들이 질문의 욕구가 넘쳐서 "지구가 왜 물체를 당겨요?", "전기는 왜 +, -가 있어요?"라고 묻기도 합니다. 사실을 알아냈고 인간의 방식으로 표현했을 뿐, 우주의 피조물로

168   질문 더하기 과학 수업

서 원인을 알 수 없는 '발견'에 해당하는 내용입니다. "물질은 왜 원자로 이루어져 있어요?" 같은 질문도 마찬가지겠죠. 전기에 왜 두 극이 존재하는지는 몰라도, +와 -로 이름 붙인 사람은 미국 건국의 아버지 중 한 명이자, 유명한 전기학자이기도 한 100달러 지폐의 주인공 벤자민 프랭클린[1]입니다. 15세기 말부터 수학 기호로 사용하던 +, -를 전기학에서 빌린 것이죠.

전류(電流)는 전하의 흐름을 뜻합니다. +전하가 흐르든, -전하가 흐르든 상관없지만, +전하인 원자핵이 전선 속을 흘러 다닐 수는 없으므로 결국 전류는 -전하인 전자의 흐름을 얘기하는 것입니다. 그런데도 전류의 방향(+극에서 -극으로 방향을 정함)과 전자의 이동 방향(-극에서 +극으로)이 서로 반대인 이유는 많이 알려져 있죠. 전자기학의 발전보다 전자의 발견이 훨씬 늦었기 때문에 그냥 관행대로 전류의 방향을 그대로 사용하는 것입니다. 사실은 전자의 흐름이 전류라는 것은 마음속에 잘 간직해 두는 것으로…. 전류의 단위는 전기와 자기의 관계에 관한 앙페르 법칙으로 유명한 프랑스 과학자, 앙드레마리 앙페르의 업적을 기려 A(암페어)를 사용합니다. 물리량의 기호는 보통 영어 단어의 이니셜을 쓰는 것이 일반적입니다. 학생들에게 자주 쓰는 질문인데, 전압 V는 Voltage(전압)의 이니셜, 저항 R은 Resistance(저항)의 이니셜인데, 전류 I는 Current(전류)의 이니셜이 아닌 이유가 무엇일까

---

1) 벤자민 프랭클린(Benjamin Franklin, 1700~1700년) 지식인, 과학자, 발명가로서 미국인에게 조지 워싱턴과 어깨를 나란히 할 정도로 존경받는 인물임.

요? 바로 전압(전기적 위치 에너지의 차이)과 저항(전하 흐름을 방해하는 정도)은 개념 자체에 정량화(수치화)의 의미가 포함되어 있지만, 전류는 그냥 전하가 흐르는 현상만을 얘기한 것입니다. 전류를 정량화할 것이 아니라, 전류의 세기, 즉 전하가 얼마나 세게 흐르는 것이 중요한 거죠. 그래서 전류의 세기(Intensity of Current)의 이니셜을 사용하는 겁니다.

생활 속에 A(암페어)를 사용할 일은 많지 않습니다. 물론 자세히 보면 A(암페어)는 곳곳에 숨어 있죠. 멀티탭을 살 때도 좀 아는 사람은 포장지에 나와 있는 A를 살펴봅니다. 이 멀티탭에서 허용하는 전류의 세기가 표시되어 있기 때문이죠. 조명, 컴퓨터, 프린터, 모니터와 같이 작은 전류로 작동하는 장치를 연결할 멀티탭은 상관없지만, 전기밥솥, 인덕션, 무선 전기포트, 헤어드라이어, 에어컨 등과 같이 큰 전류를 사용하는 장치에 연결할 것이라면 반드시 멀티탭의 허용전류를 확인해야 합니다. 멀티탭에서 모락모락 피어나는 연기를 보고 싶지 않다면 말이죠. 이 밖에도 누전차단기, 배터리, 일부 전기제품에서도 A(암페어)를 확인할 수 있습니다. 그렇지만 자세히 보아야 확인할 수 있고, 평소 우리의 대화 속에서 잘 등장하지는 않죠.

하지만 전기를 얘기할 때 전류와 짝꿍으로 등장하는 전압은 생활 속에서 심심치 않게 등장합니다. '고압선 주의', '220V', '1.5V 건전지' 등 전류의 단위 A(암페어)보다는 전압의 단위인 V(볼트)를 훨씬 자주 보게 되죠. 전압(電壓)을 문자대로 해석하면 전기적인 압력이라는 뜻입

니다. 물질은 특정한 방향으로 누
르는 힘, 압력을 받으면 이동하죠.
전자가 전기적인 압력을 받으면
이동하고 그것을 전류라고 부르겠
네요. 그래서 전압은 전류를 발생
시키는 원동력이라고 보면 되겠습
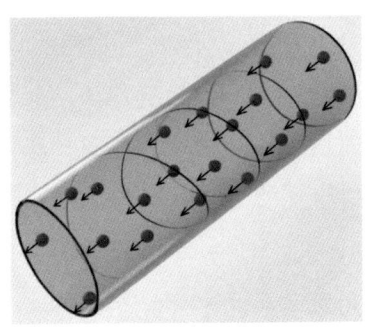
니다. 전압은 생각보다 이해나 설명이 쉽지 않습니다. 전류의 세기는
한 단면을 통과하는 전자의 모습을 상상하면서 이해하면 되죠. 같은
시간 동안 1A보다 두 배로 많은 전자가 이동하는 2A의 모습을 상상하
면 되는 거죠. 그런데 전압은 1A, 2A, 3A, … 만큼 전류를 흐르게 하는
원인입니다. 상상할 물질이 없기에 전압은 정확한 설명이 어려워집니
다. 그래서 많은 책에서는 전류와 전압을 물의 흐름과 비교하여 흐르
는 물은 전류이고, 물의 높이차를 전압이라고 비유하여 설명하죠. 하
지만 물은 물이고 전기는 전기입니다. 전류와 전압을 전기 현상 그대
로 설명하는 게 제일 좋겠죠. 이제 그렇게 해 보려고요.

　전기회로에서 전압은 원인, 전류는 결과입니다. 전류는 전압이 시
킨 대로 움직였을 뿐이죠. 전압이 원동력으로서 전자를 이동시키는 일
을 합니다. 컴퓨터가 돌아갈 때 컴퓨터 회로를 지나가는 전자 즉, 전류
가 일하는 것 같지만 사실 전압이 시켜서 일한 것입니다. 실제로 컴퓨
터에 들어간 전류(전자)는 그대로 컴퓨터 밖으로 나오고 달라진 게 없
습니다. 컴퓨터로 들어간 전류의 세기와 컴퓨터에서 나오는 전류의 세

기가 달라진 것이 없는 거죠. 소모되고 사라지는 전류(전자)는 없습니다. 분명히 컴퓨터가 신나게 작동했는데 전류는 소모되는 것 없이 들어온 만큼 그대로 나갑니다. 소모되는 것은 전류가 아니라 전압입니다. 어찌 보면 당연합니다. 망치를 휘둘러 못을 박을 때 망치가 소모되는 것은 아니겠지요? 망치가 소모된 것이 아니라 휘두른 사람의 에너지가 소모된 것이죠. 컴퓨터도 마찬가지입니다. 망치에 해당하는 전류가 아니라, 휘두른 사람의 에너지에 해당하는 전압이 컴퓨터의 일로 전환된 셈이죠. 그래서 전기회로의 전류, 전압을 측정하면 컴퓨터 전, 후 전선에 흐르는 전류 측정값은 변함이 없고 전압은 확 차이가 납니다. 전압이 전자를 움직이게 하는 일을 하는 것이고, 움직이는 전자가 컴퓨터의 여기저기를 작동시켰습니다. 그리고 전자의 움직임은 소모되면서 움직임이 줄었을 것을 추정할 수 있습니다. 그래서 전압 V는 일의 단위 J(줄)을 이용해서 정의할 수 있습니다. 1V는 1J/C이죠. 즉, 1V는 1C(전자 약 6.24×10^{18}개)이 1J만큼의 일을 할 수 있도록 만드는 능력의 크기라고 말할 수 있습니다. 어렵죠? 전압을 옴의 법칙에서 계산하긴 쉬웠는데 더 어려워진 것은 아닌지 모르겠습니다.

다시 전압의 직관적 이해를 위해 출발해 보죠. 일단 제가 했던 오개념부터 차단하겠습니다. 전압은 힘(전자기력)도 아니고, 힘으로 일을 하는 에너지도 아닙니다. 오해하기 딱 좋습니다. 전압이 전자를 이동시키는 원인이라고 했기에 힘(전자기력)이라고 오해하기 쉽고, 컴퓨터를 일하게 하는 능력이라고 했기에 에너지(일할 수 있는 능력)로 오해하기 쉽습니다. 하지만 전압의 단위가 N(뉴턴)나 J(줄)이 아니듯, 힘과 에너지가 아닙니다. 힘은 아니고 힘이 생기는 원인이죠. 중력과 비교하면 좀 감이 잡힐까요? A 물체 앞에 갑자기 B 물체가 나타났다고 치죠. A와 B는 거리와 질량에 따라 만유인력의 법칙 계산만큼의 크기로 중력을 느끼겠지요. 서로의 존재는 광속으로 느끼게 될 것입니다. 다시, A 전하 앞에 갑자기 B 전하가 나타났다고 치죠. A와 B는 거리와 전하량에 따라 전자기력 계산[2]만큼의 크기로 전자기력을 느끼겠지요. 역시 서로의 존재는 광속으로 느끼게 될 것입니다. 여기서 중력은 전자기력과 매칭될 것입니다. 그리고 지금 고민하는 '전압'은 중력을 일으키는 '위치 에너지의 차이'와 매칭시키면 되겠습니다. 부연하면, '위치 에너지의 차이가 생김 → 광속으로 중력장이 퍼짐 → 중력 작용 → 서로 당김'과, '전압이 생김 → 광속으로 전기장이 퍼짐 → 전자기력 작용 → 서로 당김 또는 밈'과 매칭되는 거죠. 그래서 '위치 에너지의 차이'와 매칭된 전압을 '전기적 위치 에너지의 차이' 즉, '전위차'라고 부르기도 합니다. 전압보다는 전위차가 개념을 직관적으로 이해하기에 더 적합한 단어 같습니다. 따라서 일상에서는 전압을 많이 쓰지만 공부할 때는 전위차를 더 많이 쓰게 될 것입니다. 이 전위차가 전선 속에 전자를 움직이게 만드는 원인이 되겠죠.

전위차가 없을 때 전선 속에 자유롭게 움직이는 자유전자의 속력은

---

2) 만유인력 $F_\mathrm{g} = G \dfrac{m_\mathrm{e} m_\mathrm{p}}{r^2}$, 전자기력 $F_\mathrm{e} = k_\mathrm{e} \dfrac{|q_\mathrm{a} q_\mathrm{n}|}{r^2}$.

광속 약 $3×10^8$m/s에 꽤 비견될 만한 약 $1×10^6$m/s이라고 합니다. 불특정한 방향으로 엄청난 속력으로 돌아다니던 전자에 전위차가 전달되면 일정한 방향으로 움직이기 시작하겠죠. 그런데 -전하인 전자끼리는 밀어내고, +전하인 핵은 전자를 잡아당기니, 무수히 많은 전자와 핵이 있는 전선 속에서 일정한 방향으로 움직이기가 쉽지 않습니다. 따라서 실제로는 전자가 전선 속에서 +극 쪽으로 움직이는 속력은 1초에 1mm 이동(전압과 저항에 따라 다름)하는 정도에 머무른다고 합니다. 그렇다고 오해하지 마시길. 조금 전에 전위차가 생겼다는 신호가 어떻게 전달된다고 했죠? 광속입니다. 광속으로 퍼지는 전기장 속에서 전선 속 모든 자유전자가 거의 동시에 전자기력을 받게 되니, 자유전자는 거의 동시에 +극을 향해 움직이기 시작합니다. 전류는 광속에 가깝게 흐른다고 봐야 합니다.

새삼 광속 c에 대한 생각이 깊어집니다. 빛, 중력장, 전기장을 비롯해 시간까지 속력이 모두 c라고? 도대체 c가 뭐길래 세상의 시간과 공간을 제한하고 있지요? 우리는 왜 c(299,792,458m/s)라는 숫자 밑에서 아등바등하며 살 수밖에 없을까요. 빨리 아인슈타  인을 뛰어넘는 천재가 나타나길 기대합니다. 혹시 여러분?

(18) 자궁의 미래

? **"왜 임신 기간을 10개월이라고 해요?"**

"출산일을 어떻게 알 수 있어요?"

기본 지식

수정란은 빠른 속도로 세포분열하면서 수란관을 따라 수정 후 5~7일 후에 자궁 내막에 도착하고 착상하게 된다. 그리고 자궁 내막 속으로 잘 파고들어 가면 임신한 것으로 본다. 착상 후 태아와 모체를 연결하는 태반이 만들어지고, 태아는 모체의 자궁에서 보호받으며 수정된 날로부터 약 266일 동안 발생 과정을 거쳐 모체 밖으로 나오게 된다.

연애를 즐기는 사람도 있지만 다른 편에서는 왜 다른 성이 있어 이리도 복잡하게 번식해야 하는지, 왜 여자에게만 임신이라는 어려운 과제가 주어졌는지 한탄하는 사람도 있습니다. 하지만 대한민국의 출산아가 결혼 한 쌍당 1명[1]도 안 되는 마당에 임신과 출산보다 더 중요한

---

1) 2024년 대한민국 합계출산율은 0.75명임.

것이 어디 있겠습니까. 지구와 인류의 미래를 위해 반드시 인구가 줄어야 하는 건 맞지만, 이렇게 급격한 변화는 미래 세대에게 충격적인 고충을 안겨 줄 것입니다. 인구가 너무 급격하게 줄어드는 것을 막는 데 동참하는 차원에서 임신과 출산에 대해 상식을 늘려 보죠.

성인 한 명이 가지고 있는 대략 30~40조 개 정도의 세포 중 특별한 역할을 맡은 극도로 적은 양의 세포가 있습니다. 바로 생식세포죠. 남자는 10억 개 이하, 여자는 1,000개 이하의 생식세포를 가지고 있으니 정말 귀한 세포라고 해도 되겠지요. 특히 계속 만들어지는 남자의 생식세포에 비해 여자가 가지고 있는 생식세포는 태어날 때 가지고 있는 것이 전부입니다. 또한, 줄기세포[2] 연구나 인공수정으로도 워낙 귀한 대접을 받기 때문에 불법으로 거래되기도 했었답니다. 이 생식세포는 몸에 있는 일반적인 세포와 전혀 다릅니다. 인간의 몸을 구성하는 모든 체세포는 세포핵 속에 똑같은 정보(유전자)를 가진 46개의 염색체를 가지고 있지만, 생식세포들은 그 반인 23개의 염색체를 가지고 있지요. 23개의 염색체를 가진 아빠의 생식세포와 23개의 염색체를 가진 엄마의 생식세포가 만나서 딱 1개의 정상적인 46개의 염색체를 가진 세포가 만들어지고, 그걸 수정란이라고 부릅니다. 수정란의 크기는 약 0.2mm로, 맨눈으로 간신히 보일까 말까 하는 이 작은 세포 1개가 우리가 보는 아기로 변하는 것부터가 신비하지 않을 수 없습니다. 사

....
2) 우리 몸에 필요한 어떤 종류의 세포나 조직이 될 수 있는 만능 세포로 대표적인 줄기세포는 보통 수정된 지 2주 정도 안의 배아세포들을 지칭함.

질문 더하기 과학 수업

실, 학생들은 수정 후보다 수정 전에 관심이 더 많습니다. 정자가 어떻게 여성의 몸에 들어가는지, 정자가 난자를 만나는 데 걸리는 시간은 얼마나 되는지, 정자가 난자를 어떻게 찾아가는지 등 궁금한 일이 많습니다.

무게를 재기 힘든 0.2mm 크기의 세포 하나가 약 3kg의 무게에 약 1조 개[3]의 세포를 가진 아기가 됩니다. 정자와 난자가 만나 수정란이 되고 거의 하루에 한 번씩 분열하며 세포의 수를 2배씩 키워 가죠. 수정란은 분열을 거듭하며 5~7일 후 자궁에 도착하고, 자궁 내막에 안정적으로 자리 잡은 후부터 분열 속도와 성장이 본격화됩니다. 이렇게 100개 이상의 세포로 자궁에 자리 잡으면 그때부터 임신하였다고 얘기할 수 있겠습니다. 다시 한번 신비합니다. 수정되고 약 266일 후에는 작디작은 세포 1개가 만물의 영장이라는 별별 재주를 가진 인간으로 변하니까요. 생물 관련 수업에서 계속 강조하는 것이 있는데, 바로 생명의 신비함에 감사하자는 말입니다. 아무런 노력 없이, 고민 없이, 저절로 이루어지는 생명 활동이 신비하지 않으면 무엇이 신비하겠습니까. 수정, 탄생, 호흡, 소화, 순환, 배설, 유전, 자극과 반응 등등 생존을 위한 각각의 과정이 정말이지 어떤 시스템보다 정밀하게 이루어지지만, 그것들은 자신의 소중함과 성실함을 생색내지 않습니다. 그래서 고마움이라도 갖자는 말을 계속하는 거죠.

....

3) 출처 논문: Osgood EE. Development and growth of hematopoietic tissues with a clinically practical method of growth analysis. Pediatrics. 1955 Jun;15(6):733-51.

많은 사람이 임신 기간을 10개월로 알고 있는데 실제 수정에서 출산까지 기간은 9개월 정도입니다. 그런데 왜 임신 10개월이라고 하는 걸까요? 여성들은 평균 28일 정도를 주기로 월경하고, 그 중간에 배란합니다. 수명이 보통 하루 정도밖에 되지 않는 난자가 살아 있는 동안 정자를 만나게 되면 여성은 더는 월경을 하지 않게 되지요. 따라서 "어! 때가 되었는데 이번 월경이 왜 안 일어나지?"라고 하면 정자와 난자가 수정된 지 보름 이상 지났다는 얘기가 되겠네요. (물론 다른 문제 때문에 월경이 안 일어나는 경우도 있겠습니다.) 많은 경우 임신한 것을, 월경하지 않는 것과 같이 겉으로 드러난 증상을 통해 알게 됩니다. 수정란이 만들어진 시기는 마지막 월경이 있었던 후로 약 14일 지난 시점이자, 월경해야 할 때 하지 않는 날로부터 대략 14일 전쯤으로 예상되겠지요. 정자와 난자의 수정은 눈으로 확인할 수 없는 일이니까요. 병원에서는 그렇게 추정된 수정일에 266일을 더하여 출산일을 예상하게 됩니다. 외부로 드러난 현상인 마지막 월경에서부터 출산까지의 기간을 임신 기간이라고 보고, 수정부터 출산까지 266일에 마지막 월경에서부터 수정까지의 기간 14일을 더해서 280일이 되는 것이죠. 즉, 특별한 신체 내부 진찰 없이 외부로 드러난 증상을 기준으로 임신 기간을 산출해 왔다는 말입니다. 그리고 280일은 9개월(270일)을 넘어 10개월에 들어섰으니 그냥 편하게 약 10개월로 부르는 것이랍니다. 실제로는 엄마의 몸속에서 아기가 자라는 시간이 9개월 조금 못 되는 것이죠.

1개월	수정란이 세포분열을 해 자궁 내벽에 착상한다.
	긴 꼬리와 아가미가 있다.
2개월	척수, 머리, 몸, 심장 등 인체의 모든 기관이 활발히 만들어진다.
3개월	아직 완전하지는 않지만, 남녀를 구분할 수 있는 성기가 형성된다.
	손가락과 손톱이 나타나고, 사람의 얼굴 모양이 확연해진다.
4개월	태반이 완성되어 안정기에 접어들면서 태아는 양수 운동을 시작한다.
	피부가 두꺼워지고 얼굴에 솜털이 난다.
5개월	이목구비를 갖춰 간다.
	청각이 발달해 외부 소리를 느낄 수 있다.
6개월	태아가 급격히 성장하고, 운동이 활발해져 양수 속에서 몸이 방향을 계속 바꾼다.
7개월	위아래로 붙어 있던 눈꺼풀이 점점 크게 벌어진다.
	속눈썹이 보이고, 머리털이 자란다.
8개월	아기의 키보다 몸무게가 빠르게 증가한다. 골격이 거의 완성된다.
9개월	태아의 모든 장기가 완성되어 성숙하는 단계이다.
	출산에 대비해 태아의 머리 위치가 아래로 향한다.

정자와 난자가 만나 수정이 되면 여성의 몸에서 그동안 개점휴업 상태였던 몇몇 기관들이 드디어 주인공 역할을 합니다. 수정되어 부부의 품에 아기가 안길 때까지 가장 중요한 기관을 뽑으라고 한다면 자궁이 아닐까요? 물론 임신과 출산에 관여하는 기관 중에 중요하지 않은 것이 없겠지만, 임신이 되어 엄마의 몸속에서 약 266일을 자랄 때 보금자리가 되어 주는 자궁의 중요성이야 말할 필요가 없겠습니다. 평소 3~4cm 정도 크기로 달걀보다도 작던 자궁이 임신 후 점점 커져서 출

산 무렵에는 지름 30cm 이상으로 큰 수박만 하게 커지죠. 남자로서는 몸속에서 일어나는 그 급격한 변화를 짐작조차 하기 힘듭니다.

이것저것 인체의 장기들이 인공으로 대체되고 있지만, 인공 자궁의 완성은 아직 요원한 일입니다. 2017년에는 필라델피아 어린이병원 의료진이 '바이오백'이라는 나름 인공 자궁으로 초미숙 새끼 양(羊)을 약 4주 동안 키워 살려 냈 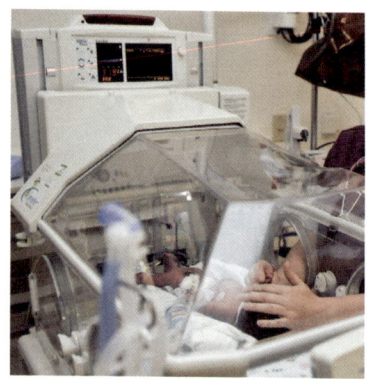 다지요. 발전한 것은 맞지만, 아직 자궁이라고 하기에는 미흡합니다. 비교적 단순해 보이는 구조의 자궁인데도 쉽지 않은 모양입니다. 자궁은 생각보다 단순하지 않다는 말이 되겠죠? 사람도 인큐베이터라는 것이 자궁의 흉내를 살짝 내고 있지만, 이것 역시 미봉책일 뿐입니다. 심심치 않게 엄마의 자궁을 너무 일찍 벗어나 버리거나 건강에 이상이 있는 아기들이 있을 때, 인큐베이터라는 장치에서 보호하게 됩니다. 인큐베이터는 온도, 습도, 산소공급량 등을 조절하여 최대한 엄마 자궁과 비슷한 환경을 만들어 주는 장치죠. 간이 자궁이라고 볼 수 있겠네요. 그런데 그야말로 간이 수준이라서 엄마 자궁보다 훨씬 크지만, 기능은 한참 모자랍니다. 따라서 건강 문제, 외부 충격 등으로 너무 일찍 엄마 배에서 나온 아기들, 이름하여 초미숙아는 인큐베이터로도 어찌할 수 없이 사망하게 됩니다.

질문 더하기 과학 수업

인큐베이터로 일찍 나온 아기들을 살려 내는 기록은 해마다 경신되고 있습니다. 2015년 미국에서는 '앨라야 페이스 페가스'라는 아기가 283g의 무게로 임신 6개월 만에 엄마 뱃속을 나와 버렸지요. 하지만 살아남았습니다. 보통 아기들의 10분의 1의 무게, 200mL의 작은 우유보다 조금 더 무거운 무게로 세상에 나와 살아남았다는 것입니다. 대단하죠. 아직은 초미숙아를 살려 낼 수 있는 한계가 임신 5~6개월 정도라고 합니다. 임신 후 약 10주 이내에 거의 완성이 되는 심장, 팔, 다리 같은 기본 신체 구조는 문제가 없을 가능성이 크지만, 아직 뇌, 눈, 생식기 등 정밀한 신경계들은 완전히 정비되지 않았기에 초미숙아를 정상적인 아이로 성장시키는 것은 어려운 것이죠. 특히 태아의 뇌가 대략 임신 5~6개월 사이에 발달하니 뇌가 발달하지 않은 인간이 태어나기는 힘들겠지요. 과학의 발달이 어느 정도까지의 미숙아를 살려 낼 수 있을까요? 그리고 완전히 엄마 자궁을 대체할 장치를 만들어 낼 수 있을까요?

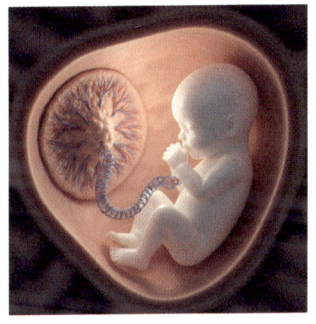

일단은 과학이 꽤 발달한다고 해도 태반이 완성되는 임신 4개월 전에 엄마 자궁을 벗어나는 초초미숙아에 대해서는 한동안 힘들 것 같습니다. 임신 초·중기에 폐와 신경계의 복잡한 발생 과정을 지원할 수 있는 것은 아직 불가능에 가까우니까요. 태반은 엄마와 태아를 간접적으로 연결하여 영양분의 전달, 호흡, 호르몬의 분비 및 전달, 유해 물질 여과 및 차단 등의

일을 하는 기관입니다, 태반이 완성된다는 것은 양막⁴⁾을 사이에 두고 엄마와 태아가 거의 분리된 상황으로 볼 수 있습니다. 그런 면에서 태반이 완성된다는 것은 엄마와 태아 사이에 과학 기술이 끼어들 간격이 생겼다고도 볼 수 있습니다. 그 간격을 메울 수 있다면 더 빠르게 엄마 자궁을 벗어난 생명도 살릴 수 있게 될 것으로 생각합니다. 나아가 생명과학이 충분히 발달하여 착상 후 태반 형성까지 4개월 정도도 엄마의 역할이 필요 없어진다면, 이제 '아이를 밺'을 뜻하는 임신이라는 말도 사라지겠네요.

인공수정이라는 얘기를 들어 봤을 겁니다. 참! 인공수정과 체외수정은 다른 걸 알고 있나요? 인공수정은 아빠의 정자를 인공으로 엄마의 자궁 가까이에 풀어주어 정자와 난자의 만남을 돕는 임신 방법입니다. 체외수정은 일명 시험관 아기라고 불리며, 말 그대로 몸 밖에서 엄마의 난자와 아빠의 정자를 수정시켜서 3~5일 시험관에서 배양하고 엄마의 자궁에 넣어 주는 방식입니다. 만약 체외수정과 인공 자궁의 기술까지 완벽해지면 엄마는 단순히 난자를 제공하는 역할만 하게 되겠지요? 그렇다면 인간 사회는 어떤 변화가 있을까요? 재미있는 상상들이 가능하겠네요. 원래 임신과 출산에서 남성의 역할은 정자 제공 정도이니 남성 입장에서 큰 변화야 없겠지요. 하지만 여성의 입장에서는 인류의 역사와 함께해 온 임신과 출산의 고통에서 해방되는 어마어마

---

4) 태아를 둘러싸고 있는 막으로 양수라는 액체로 차 있어 태아를 보호하는 역할을 함.

한 일이 될 겁니다. 입덧, 체중 증가로 인한 행동의 제약, 잘못될 수 있다는 불안과 조심, 뼈가 틀어지고 살이 찢어지는 출산의 고통, 산후 후유증 등까지 사라지는 것이죠. 임신하지 않을 것이라면 한 달에 한 번 있는 생리도 없애는 쪽으로 진행될 것이 자명합니다. 그 역시도 한 달에 한 번, 길게는 일주일씩 고생해 왔던 여성들에게는 역사적인 변혁이 되겠죠.

너무 큰 변화라서 괜찮을까 싶은 걱정까지 생깁니다. 문득 여성에게 임신과 출산이 고통이기만 할까? 혹시 남성들은 확실히 못 하는 일이기에 여성만의 독점적 권리는 아니었을까? 아무튼, 너무 근본적인 변화이기에 영향이 어디까지 어떻게 미칠지 가늠하기조차 힘드네요. 해볼 만한 토론거리가 또 생겼습니다.

⑲ 월경의 굴레

❓ "생리는 사람만 하나요?"

"생리는 모든 포유류의 암컷이 하는 게 아닌가요?"

기본 지식

월경 또는 생리란 성숙한 여성의 자궁에서 주기적으로 출혈하는 현상이다. 자궁내막은 여성호르몬 분비 변화에 따른 여성의 생식 주기에 따라 발달과 퇴보를 반복한다. 임신에 대비하여 점차 두꺼워지기 시작한 자궁내막층은 수정란의 착상이 이루어지지 않음으로써 출혈과 함께 조직이 떨어져 나간다. 보통 12~17세에 시작하여 50세 전후까지 계속되는데 임신 중이나 수유기를 빼놓고는 평균 28일의 간격을 두고 3~7일간 지속한다.

일부 남학생들이 여학생의 월경으로 인한 결석을 출석 인정 처리하는 것에 탐탁지 않아 하는 것을 가끔 봅니다. 그러면 저는 '넌 평생 한 달에 한 번씩, 3일 이상의 월경을 해야 하면서 학생 시절 월 1회 출석 인정 결석을 받는 것과, 월경 없고 출석 인정도 없는 것 중에 뭘 택할래?'라고 물어보죠. 그럼 대부분 바로 꼬리를 내립니다. 이해는 합니

다. 제가 사려 깊지 않은 총각 교사였다면 그 남학생들과 별반 다르지 않겠다 싶기도 하거든요. 하지만 아내와 딸들의 고생과 불편함을 공유한 만큼 남학생들의 푸념이 철없어 보일 뿐입니다. 여자의 임신과 월경은 남자로서는 이해할 수 없는 영역의 일입니다. 임신은 더 특별한 경험이니 차치하고라도 월경조차 어떤 느낌일지 가늠이 되지 않습니다. 월경에 대해 깊이 생각해 본 일도 없었습니다. 똘똘한 학생이 마침 좋은 질문을 해 주었습니다.

어렴풋이 '생리'라는 말이, 보통 생물학 수업에 자주 등장하는 생리작용, 생리현상 할 때 그 생리인지는 문득문득 궁금했던 것 같습니다. 하지만 막상 찾아본 것은 이 질문을 받은 후입니다. 그만큼 남자로서 철저히 여성의 영역에 무관심했던 것이죠. 월경을 뜻하는 '생리'와 생리작용, 생리현상의 생리는 한자로 같습니다. 조금 이상하기는 합니다. 교과서에서도 많이 등장하는 생리(生理)작용이란 한자 뜻 그대로 생존을 위해서 일어나는 모든 작용을 일컫습니다. 소화, 호흡, 배설, 세포 물질 교환, 번식, 순환 등이 해당하겠지요. 노벨 생리학상에서 '생리'도 같은 뜻입니다. 그런데 어째서 이 광범위한 용어가 여성의 월경에 적용되었는지 궁금합니다. 찾아보니 일본의 영향으로 보는 시각이 많습니다. 일본이 먼저 1940년대에 월경을 생리로 표현하였고, 1950년대에 우리나라의 제도와 용어가 일본의 영향을 많이 받으면서 정착된 것 같나는 거죠. 과학을 공부하는 사람의 시각으로서 '생리'하면 생존을 위해서 일어나는 모든 작용이 떠오르는 것이 아니라, 여성의 월경이 떠오르는 것이 조금 못마땅하기는 합니다. 생리가 발음하기는 좀 더 편하다지만, 그냥 월경이란 단어를 그대로 쓰는 것이 더 적절하다고 생각됩니다.

월경은 어떤 동물들이 할까요? 암컷, 수컷이 있는 동물은 대부분 할까요? 포유류의 암컷은 다 월경을 할까요? 집에서 기르는 개나 고양이가 월경하는 것을 본 적이 있나요? 없지요? 월경하는 동물이 혹시 사람뿐인가요? 정답은 '동물 중에 극히 일부만 월경한다.'입니다. 사람이 포함되어 있다 보니 월경이 동물에서 일반적인 현상이라고 착각할 수 있겠죠. 과학 저널리스트 레이첼 E. 그로스(Rachel E. Gross)의 기고문[1]에 따르면 포유류 중에 1.6%에 해당하는 84종만이 월경을 하는 것으로 알려져 있다고 합니다. 모든 동물이 아니고 포유류 중에서 1.6%이니 이 정도면 거의 셀 수 있을 정도입니다. 알려진 동물 중에 월경하는 동물을 나열해 보겠습니다. 인간, 침팬지, 고릴라, 오랑우탄, 보노보, 긴팔원숭이, 개코원숭이, 비비, 마카크 원숭이[2] 등이 있습니다. 공통점이 좀 보이죠? 여기에 특이하게도 야생 주황 과일박쥐 같은 박쥐류 몇 종과 아프리카에만 서식하는 코끼리땃쥐[3], 그리고 설치류 중에 유일하게 확인된 카이로 가시쥐가 월경하는 동물에 포함됩니다. 원숭이라고 다 월경하는 것이 아니였네요. 인간, 유인원, 박쥐, 쥐, …

---

1) Science Friday 과학저널 [월경: 동물계에서 인간이 독특한 또 다른 방법] 2022년 7월 29일.
2) 긴꼬리원숭이과로서 히말라야원숭이부터 일본원숭이까지 사람과 매우 가까이 사는 원숭이 22종임.
3) 이름은 쥐이지만, 치아를 갈아야 하는 설치류가 아님.

이젠 공통점이 안 보이죠?

월경 ― 침팬지　　　　발정 ― 다람쥐 원숭이

　확실히 동물 중에 월경하는 동물이 대세는 아니죠? 그럼 월경하지 않는 동물은 어떻게 짝짓기와 임신 과정을 겪을까요? 애완동물을 키우는 분은 알 겁니다. 월경하지 않는 동물은 발정기를 갖습니다. 종마다 다른 독특한 페로몬[4]을 통하여 짝짓기 신호를 보내죠. 여기서 질문 하나. 발정은 수컷과 암컷 둘 다 할까요? 아니면 암컷만 할까요? 또 아니면 수컷만 할까요? 정답은, '발정은 암컷만 한다.'입니다. 많은 사람은 수컷도 발정한다고 알고 있습니다. 저도 예전엔 그렇게 알고 있었습니다. 어릴 때 키웠던 강아지가 어떤 시기에 자꾸 늑대 울음소리를

....

4) 몸 밖으로 분비되어 동종의 동물에게 신호로 보내지는 물질임

내어 부모님이 '저 녀석이 발정이 나서 저런다. 이웃들에게 미안하다.'라고 했던 것을 기억하고 있기 때문입니다. 발정은 철저히 암컷의 현상입니다. 특정한 주기로 발정기가 되면 페로몬 냄새를 방출하거나 특별한 변화로 수컷에게 신호를 보냅니다. 반면에 수컷은 발정기 없이 지속해서 짝짓기가 준비된 상황이지요. 제가 어릴 때 집에서 키운 수컷 강아지는 발정이 나서 울음소리를 낸 것이 아니라, 주변 암컷의 발정에 반응했던 것으로 추정됩니다. 단, 수컷에게도 발정은 아니지만, 성호르몬의 분비량에 따라 약간의 짝짓기 욕구의 주기 비슷한 것이 있다고 할 수도 있습니다. 그것은 동물에 따라 하루가 주기가 될 수도 있고, 1년이 주기가 될 수도 있을 겁니다. 하루 주기는 멀리서 찾을 것이 아니라 인간이 그 대상입니다. 잠들기 전 저녁 시간엔 활력을 담당하는 테스토스테론의 분비량이 줄고, 깨어나기 전에는 새벽부터 신체에 활력을 불어넣기 위해 테스토스테론의 분비량이 늘거든요. 1년 주기는 순록이 대표적이겠네요. 너무 추운 겨울에 출산을 피하고 봄에 새끼를 낳기 위해, 가을에 테스토스테론의 양이 급격히 늘고 이 시기에만 짝짓기가 이루어진다고 합니다.

포유류 중 월경을 하는 종은 약 1.6%라고 했습니다. 극소수에 해당하죠. 그게 당연할 것 같습니다. 수정란이 착상할 수 있도록 자궁내막을 성장시키고, 임신하지 않으면 상당한 출혈과 함께 자궁내막을 탈락시키는 월경 현상은, 자궁내막을 다시 재흡수하고 출혈도 거의 없는 발정성 동물과 비교해 매우 비효율적으로 보입니다. 월경한다는 것은 소비되는 에너지와 시간, 위험성이 훨씬 클 것 같으므로 저 같아도 선택할 수 있다면 발정성 동물이 되기를 선택할 것 같습니다. 하지만 제가 알고 있는 진화론적 지식에 의하면 비효율적인 일에는 반드시 이유가 있었습니다. 발정성 번식 방법과 비교해 1.6%의 월경성 동물이 매우 비효율적인 방식으로 진화한 이유가 궁금합니다.

| 인간 | 유인원 등(구대륙 원숭이) | 야생 주황 박쥐 |

코끼리땃쥐   카이로 가시쥐

앞에서 언급했듯이 월경하는 포유류는 크게 다섯 부류로 나눌 수 있을 것 같습니다. 같은 포유류라는 점을 제외하고 어떤 공통점이 보이나요? 여기서 사람은 빼겠습니다. 동물이긴 하지만 사람은 환경에 오롯이 지배받기만 하는 존재는 아니니 일단 제외했다가 마지막에 합류시키는 것으로 하겠습니다. 다시 네 부류의 대표선수 유인원, 야생 주황 박쥐, 코끼리땃쥐, 카이로 가시쥐의 공통점이 무엇일까요? 저도 알아보고 나서 신기했던 공통점이 있습니다. 바로 사는 곳이 구대륙[5]에 한정된다는 것입니다. 아주 예외적으로 일부 박쥐류 중에 신대륙에서 월경성 포유류가 나타나고는 있지만, 아주 예외적이며 날개를 이용해 뒤늦게 넘어갈 수 있었기에 대체로 월경성 포유류가 구대륙에만 있다고 단정하는 데 큰 무리가 없을 듯합니다. 그러나 구대륙에서도 월경하는 포유류는 발정하는 포유류에 비해 극소수라는 사실은 변함이 없습니다. 오히려 신대륙에 월경하는 포유류가 거의 없다는 것이 진화론적으로 생각할 거리를 던져 주는 것 같습니다. 구대륙 전체에 걸쳐 광범위한 밀림에 서식하는 여러 유인원종, 인도 동남아 열대 아열대 숲에 서식하는 야생 주황 박쥐, 아프리카 동부 남부 관목 초원 지대에 서식하는 코끼리땃쥐, 북아프리카 중동지역의 사막 건조 지대에 서식하는 카이로 가시쥐. 서식지에서 공통점을 찾기는 포기해야겠습니다.

월경은 아무리 생각해도 불리한 점이 많습니다. 가임기를 알 수도 없고, 자궁내막의 탈락과 출혈은 에너지 낭비도 심하며, 포식자에게 진한 피 냄새를 풍기어 집단 전체를 위험에 빠뜨릴 수도 있는 것이 월

---

5) 유라시아, 아프리카 대륙을 의미. 신대륙은 아메리카를 의미함.

경입니다. 이렇게 비효율적인 월경이 무엇을 위해 극소수의 포유류에게 남아 있는 것일까요? 서식 환경에서는 공통점을 찾지 못했지만, 뭔가 떠오르는 것이 있습니다. 그렇게 불편하고 불리해 보이는 방식으로 임신하고 출산한다면, 분명히 엄청 귀한 자식이 태어날 것 같다는 것이죠. 단도직입적으로 말하자면, 월경의 목표가 바로 확실한 한 개체의 완성이라는 것입니다.

한 개체의 자손을 위해 월경성 포유류는 최고의 자궁을 준비합니다. 마치 치밀하게 여기저기 짜맞추고 이곳저곳에 못질해서 튼튼하게 집을 만드는 것처럼 말입니다. 작은 강아지집이라고도 지어 본 사람은 알 것입니다. 대충 몇 개의 구조물로 쓸 만하게만 지으면 나중에 쓸모없어졌을 때 해체가 쉽습니다. 못질 자국도 많이 없고 자른 부분도 별로 없어 재활용하기도 쉽죠. 하지만 재료를 많이 쓰고, 치수를 딱 맞추어 치밀하게 자르고 못질도 여기저기 많이 해서 튼튼하게 만들면 나중에 해체가 너무 어렵습니다. 심지어 만드는 것보다 해체가 더 어려울 수도 있지요. 발정하는 포유류의 자궁이 대충 만든 집, 월경하는 포유류의 자궁이 치밀하게 만든 집과 비유될 수 있겠네요. 한 개체 자손을 최고로 키우기 위해 만들어진 자궁은 발정하는 포유류 자궁처럼 재활용할 수준의 허름함을 넘어섭니다. 그냥 버리는 것이 더 에너지 절약이죠. 아이러니하게도 심각한 에너지 낭비 같아 보이는 월경 현상은 월경하는 포유류에게 에너지 절약 방안인 셈입니다. 월경하는 포유류의 자궁이 얼마나 잘 만들어지는가 하면, 우여곡절 끝에 수정되어 자궁까지 도착한 수정란을 일종의 최종 검사하는 일까지 해낸다네요. 마지막까지 태아와의 상호작용을 통해 개체의 결함을 찾아내어 키울지, 거부할지 결정하는 역할까지 한다고 것이죠. 월경하는 포유류는 왜 이렇게까지 최고의 선택을 하기 위해 노력할까요? 금방 말했듯이 한 개체(간혹 둘, 셋이 될 수도 있지만)만을 키울 것이기 때문입니다.

사람과 유인원을 비롯한 구대륙 원숭이, 야생 주황 박쥐를 비롯한 일부 박쥐, 대부분에 코끼리땃쥐, 설치류 중에 유일하게 카이로 가시쥐 등이 이유는 달라도, 각각이 유사 종과 비교해 대체로 한 마리의 새끼를 갖고 임신 시간도 길죠. 예를 들면 설치류의 대표 격인 집쥐는 임신 기간이 20여 일에 한 번에 5~10마리를 낳지만, 카이로 가시쥐는 임신 기간이 40일 전후고 한 번에 1~2마리(최대 5마리)만 낳습니다. 카이로 가시쥐는 최고의 한두 마리 새끼를 위해 끝까지 신중한 최고의 선택을 하는 것입니다. 그 과정에서 나타나는 현상이 월경이고요. 다른 월경하는 동물도 상황이 비슷합니다. 이제 네 부류의 대표적인 월경하는 포유류가 왜 한 마리의 새끼를 생존시키는 전략을 택했는지 알아보면 궁금증을 해소할 수 있을 것 같습니다.

사람은 유인원의 업그레이드 버전이니 일단 생략하겠습니다. 유인원을 비롯한 구대륙의 큰 원숭이들이 한 마리의 새끼에게 집중하는 이유는 간단하게 예측됩니다. 개체의 완성도를 높이는 데 더 많은 정성과 발달 시간이 필요한 거죠. 발달한 뇌는 진화의 최고 걸작품 아니겠습니까? 최정점에는 인간이 있는 것이고요. 뇌를 만들고 학습시키는 일은, 본능적으로 움직이는 기타 동물에 비해 훨씬 큰 노력과 보호가 필요합니다. 한 마리를 애지중지 키워야 합니다. 야생 주황 박쥐는 특이하게 깊은 숲이나 동굴이 아닌 나무 구멍이나 건물 틈에 서식지를 마련한다고 합니다. 그래서 서식지가 위험하다고 판단하면 수시로 옮기죠. 아직 날 수 없는 새끼를 몸에 매달고 비행해야 하니 한 마리 새끼면 충분합니다. 아프리카 여러 환경에서 발견되는 코끼리땃쥐는 주로 삼림 및 초원에서 서식합니다. 다양한 포식자가 즐비한 아프리카 열대 우림 지역에서 최약체에 속하는 코끼리땃쥐가 택한 방법 역시 새끼를 마구 낳는 방식이 아닌 소수 정예 새끼를 낳아 잘 돌보는 것입니다. 여러 종의 코끼리땃쥐 대부분이 월경하는 것으로 보아 소수 정예 양육 방식이 잘 맞았나 봅니다.

이제 카이로 가시쥐만 남았습니다. 정말 독특하게도 지구상에 존재하는 1,000종이 훨씬 넘는 설치류 중에 유일하게 월경을 하는 것으로 보고되었다고 합니다. 신기하죠. 카이로 가시쥐는 어떤 환경에서 살길래 최정예 새끼를 키우는 방식을 택했을까요? 카이로 가시쥐는 코끼리땃쥐와 반대입니다. 코끼리땃쥐는 포식자가 즐비한 생명이 넘쳐나는 환경에서 새끼를 지키기 위한 상황이었다면, 주로 암반 및 사막 지역에 서식하는 카이로 가시쥐는 척박한 환경에서 새끼를 생존시키기 위해 다른 설치류에 비해 현저히 새끼를 적게 낳는 방식을 택했습니다. 설치류 하면 번식력이 떠오를 정도로 본능적인 습성일 텐데 카이로 가시쥐는 본능을 낮추고 소수 정예를 택했죠. 그래서 그런지 카이로 가지쥐의 새끼는 스스로 먹이를 먹고 움직일 수 있을 정도로 성숙하게 태어난다고 합니다.

그러나 소수 정에 하면 뭐니 뭐니 해도 역시 인간입니다. 도대체 아이는 부모로부터 언제 자립하는 거죠? 암컷 수컷이 다 달라붙어 최소 15년은 키워야 하는 것 같습니다. 15년도 아주 각박하게 잡은 기간 아닌가요? 부모들이 15년만 돌보면 안심하고 독립시킬 수 있을까요? 감정을 조절하고 복잡한 의사 결정에 관여하는 전전두엽 같은 경우는 20대 초반까지 발달한다고 하니 한 사람의 인간을 성숙시키는 데는 정말 많은 시간과 노력이 들어가는 셈입니다. 코끼리, 오랑우탄, 향유고래도 10년 가까이 새끼를 돌본다고 알려졌지만 역시 작은 체구의 인간에는 한참 못 미치네요. 독특하기로 따지면 인간 같은 존재는 없을 듯합니다.

거기다가 월경하는 동물 중에서도 거의 인간에게만 해당하는 엄청난 장점이 있습니다. 얼핏 보면 장점이 아닌 것처럼 보이지만, 얘기를 들어 보면 굉장한 장점이라는 것을 알 수 있을 겁니다. 인간은 가임기임을 알 수 있도록 겉으로 드러나는 현상이 거의 없거나 미묘한 수준이라는 것입니다. 여성은 스스로 가슴이 팽팽해지는 것 같은 느낌, 질 분비물이 달라지는 것 같은 느낌 등으로 약간 느낄 수도 있지만, 외부에서는 알 수가 없습니다. 인간과 진화적으로 제일 가까운 침팬지마저도 가임기 암컷은 엉덩이가 붉게 부풀어 오르는 등 외부로 드러나지만, 인간은 없습니다. 이렇게 가임기를 드러내지 않는 것에 어떤 장점이 있을까요? 생물학자들에게 가장 많은 지지를 받는 주장은 수컷의 보호와 지원을 극대화하기 위한 생물학적 전략이라는 것입니다. 새끼를 독립시키는 데 제일 긴 시간과 노력이 필요한 동물로서 암컷 혼자 출산과 양육을 담당하는 것은 불가능에 가깝습니다(문명이 발달한 요즘은 아닙니다만.) 만약 암컷이 배란 시기를 명확히 알린다면 수컷은 가임기에만 짝짓기하고 다른 암컷에게로 떠날 수 있죠. 하지만 가임기가 정확하게 드러나지 않고 지속해서 짝짓기를 허용하게 되면, 수컷은 암컷 주변에 머물며 지속적인 보호와 식량 공급 등의 지원을 하게 된다는 것이죠. 오랜 양육 기간을 생각하면 인간에게 딱 맞는 전략이네요.

월경 얘기를 꽤 길게 했습니다. 월경은 소수 정예의 자손을 얻기 위해 극소수 포유류의 특별한 생존 방식이었죠. 그중에서도 단연코 인간이 정점에 있습니다. 월경을 인간만 하는 것은 아니지만, 인간이 월경의 필요성을 극대화한 생명체죠. 이 사실을 여학생의 월 1회 생리 결석을 시샘하는 남학생들이 알았으면 좋겠습니다. 더불어 모두가 최정예 생명체임에 자부심도 느끼고요.

20 남성호르몬 여성호르몬

? **"남자도 여성호르몬이 나온다고요? 난소가 없는데요?"**

"여자한테 남성호르몬이, 남자한테 여성호르몬이 왜 필요해요?"

> **기본 지식**
>
> 몸의 특정 부위에서 분비되고 몸의 여러 부분에 전달되어 각 기관의 기능을 조절하는 물질을 호르몬이라고 한다. 호르몬은 뇌하수체, 갑상샘, 부신, 이자, 정소, 난소 등 내분비샘에서 만들어져 분비되고, 혈액을 따라 이동하여 특정 기관이나 세포에 이르러 성장, 체온 조절, 혈당 조절, 수분량 조절 등의 생리 작용을 한다.

호르몬을 주제로 수업할 때는 참 할 말이 많습니다. 주절주절 재미있는 정보를 알리다 보면 시간이 금방 지나가죠. 사춘기를 보내고 있는 학생인 만큼 성호르몬에 관한 얘기를 하면 금방 즐거운 수업 분위기가 만들어지곤 합니다. 손가락의 길이와 성호르몬의 양 사이의 관계를 학생들에게 말할 때면 너나 할 것 없이 손가락을 앞으로 쭉 내밀죠.

정확한 이유는 검증되지 않았지만[1], 손가락 중에 약지(엄지로부터 네 번째 손가락)가 길수록 남성호르몬의 작용이 여성호르몬의 작용에 비해 왕성하고, 검지(두 번째 손가락)가 길수록 여성호르몬의 작용이 남성호르몬의 작용에 비해 왕성한 경향성이 크다고 합니다. 따라서 약지가 긴 사람은 남성호르몬의 영향을 많이 받아서 남자든 여자든 평균적인 남자, 여자와 비교해 골격이 좋고 성격이 활발하며 모험적인 경향이 많은 것이죠. 반대로 검지가 긴 사람은 여성호르몬의 영향을 많이 받아서 평균적인 남자, 여자와 비교해 피부가 곱고 성격이 차분하며 안정적인 성향을 지녔을 확률이 높겠죠. 단, 신체, 성격, 사고방식이 호르몬에만 영향을 받는 것이 아니라서 손가락 길이와 호르몬 양의 관계가 절대적인 관계로 확인된 것은 아닙니다. 서로의 연관성이 통계로 확인[2]된 정도죠. 절대적 연관성은 분명히 없어 보이니 경향성만 알아 두는 정도로 하겠습니다. 증거가 저입니다. 다음 사진의 손 중에 테토남의 손이 제 손인데 스스로 에스트로겐이 너무 많이 나온다고 생각하거든요.

---

1) 학생들이 질문하면 전문가가 아님을 핑계 삼아 아마도 성호르몬의 양을 조절하는 유전자의 위치와 손가락의 길이를 조절하는 유전자가 가까이 있는 것이 아닐까 싶다는 생각을 얘기하여 넘어감.
2) 2011년, 미국 하워드 휴즈 의학연구소 마틴 콘 박사, 미국과학원 학회지 발표, 전자신문 2011.11.15. [손가락 길이에 담겨진 비밀].

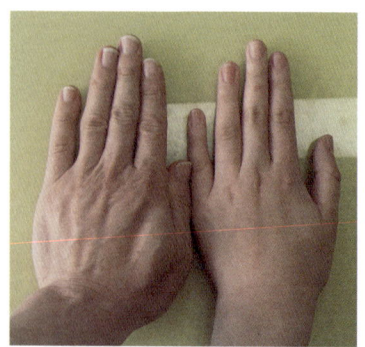

테토남 vs 에겐녀[3]

　어찌 되었든 간에 이러한 이야기를 하려면 남자, 여자가 모두 남성호르몬과 여성호르몬을 가지고 있다는 것을 전제해야 합니다. 하지만 교과서에서는 특별한 언급 없이 남성호르몬은 남자의 정소에서, 여성호르몬은 여자의 난소에서 분비된다고 기술되어 있습니다. 물론 남성호르몬은 남자의 정소에서, 여성호르몬은 여자의 난소에서 분비된다는 말이 틀린 말은 아닙니다. 정소는 남성호르몬의 주요 생산지이고, 난소는 여성호르몬의 주요 생산지거든요. 그러나 그렇게만 설명하면 일반적인 상식처럼 알려진 '남·여가 모두 남성호르몬과 여성호르몬을 가지고 있다.'라는 사실에 확신을 줄 수가 없습니다. 남자는 난소가 없고 여자는 정소가 없는데, 어떻게 남자에게 여성호르몬이 있고 여자에게 남성호르몬이 있다는 말인지 궁금해할 만합니다. 이런 질문을 받

---

3) 테스토스테론이 넘칠 것 같은 남자와 에스트로겐이 넘칠 것 같은 여자를 지칭하는 신조어임.

기 전까지 막연하게 '어디선가 나오겠지.'라면서 크게 궁금해하지 않았던 것을 반성하며 사실을 알아보았습니다.

어떻게 대부분 사람에게 양성의 호르몬이 다 있는지 알아보기 전에, 먼저 기초적인 사실 하나를 알고 이야기를 시작하면 이해가 빠를 것 같습니다. 바로 남성호르몬, 여성호르몬이 전혀 다른 물질이 아니라는 사실입니다. 다시 언급하겠지만 조금만 떨어져서 보면 같은 물질로 착각할 만큼 분자 구조가 비슷하다는 것이죠. 마치 남자와 여자가 많이 다른 것 같지만, 같은 종의 인간으로서 본다면 거의 동일한 것처럼 말입니다.

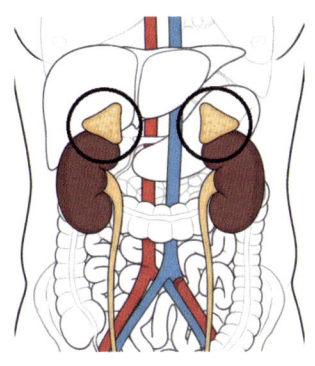

콩팥 위 부신

남자와 여자가 모두 남성호르몬과 여성호르몬을 가지고 있다는 것, 남자는 남성호르몬이 여성호르몬보다 수십~수백 배 많은 양이 생산되고, 여자는 여성호르몬이 남성호르몬보다 수십~수백 배 많은 양이 생산된다는 것, 남자에게는 여성호르몬을 생성하는 난소가 없고 여자에게는 남성호르몬을 생성하는 정소가 없는 것은 분명한 사실입니다. 그렇다면 남자에게 여성호르몬을, 여자에게 남성호르몬을 공급하는 방법이 별도로 있다는 말이겠지요. 그 방법의 핵심기관은 바로 부신입니다. 허리 양쪽 두 개의 콩팥 위에, 콩팥에 모자를 씌운 것과 같은 모습으로 위치한 부신은 유명한 호르몬 중의 하나인 아드레날린(에피네프린)을 생산·분비하는 내분비샘입니다. 부신은 혈압과 혈당량 조절을 담당하여 신체가 많은 에너지를 필요로 할 때 빠르게 생체 리듬을 증가시키는 아드레날린뿐만 아니라, DHEA(dehydroepiandrosterone)라는 스테로이드 호르몬도 만들어 냅니다. 이 DHEA가 약간의 화학적 변화를 거쳐 남성호르몬 중의 하나인 테스토스테론이 되고, 여성호르몬 중의 하나인 에스트로젠이 되는 것이죠.

두목(스테로이드)

부하1 (DHEA)   부하2 (테스토스테론)   부하3 (에스트로젠)   부하4 (콜레스테롤)

질문 더하기 과학 수업

DHEA가 테스토스테론과 에스트로젠이 되는 과정을 이해하려면 일상에서 자주 들었던 스테로이드와 콜레스테롤이라는 용어를 아는 것이 필요합니다. 먼저 백과사전에 나와 있는 스테로이드, 콜레스테롤, DHEA, 테스토스테론, 에스트로젠의 분자 구조를 앞의 그림에서 보겠습니다. 모두 가족이라는 것을 알 수 있습니다. 자꾸 언급되는 스테로이드는 6개의 탄소 원자로 이루어진 고리[4] 3개에, 5개로 이루어진 고리 1개가 붙어 있는 것이 기본 구조인 유기화합물을 통틀어 이르는 말입니다. 그러니까 콜레스테롤, DHEA, 테스토스테론, 에스트로젠이 모두 스테로이드인 거죠. 스테로이드가 두목이라면 콜레스테롤은 행동 대장쯤 되겠습니다. 왜냐하면 콜레스테롤은 다른 스테로이드 물질의 출발점이 되거든요. 음식을 통해서 흡수하기도 하고, 체내에서 합성하기도 하는 콜레스테롤은 세포막, 담즙, 성호르몬, 비타민D 등의 재료가 되지요. 이 콜레스테롤을 가지고 부신에서 여러 스테로이드 호르몬을 만듭니다. 그중 하나가 DHEA이고, DHEA는 약간의 변형을 거쳐 남성호르몬이 되었다 다시 상당수가 여성호르몬까지 변화하게 됩니다. 여기서 여자의 경우, DHEA가 남성호르몬을 거쳐 여성호르몬으로 가는 과정이 많이 일어나면 남성호르몬의 양이 적게 남는 것이고, 난소에서 분비되는 여성호르몬과 더해지겠지요. 결과적으로 여성호르몬과 남성호르몬 사이의 균형이 여성호르몬 쪽으로 더 기울며 여성

....
4) 그림에서 육각형의 6개 각마다, 오각형의 5개 각마다 탄소 원자가 위치되어 있지만 생략됨.

호르몬의 영향을 많이 받는 여성이 될 것입니다. 반대로 DHEA가 남성호르몬을 거쳐 여성호르몬으로 가는 과정이 덜 일어나면 남성호르몬의 비율이 상대적으로 높아져 주변 사람들에게 매우 활력이 넘치는 여성으로 평가될 가능성이 크게 됩니다.

성호르몬은 유성생식을 통해 종족을 유지하는 인간으로서 남성의 생물학적 성 역할과 여성의 성 역할을 차질 없이 수행하도록 합니다. 그 주된 임무를 수행하기 위해 피부, 근육, 뼈, 지방의 형성과 분포, 성격 등에 관여하여 남자와 여자의 성 역할을 지원하죠. 현대에는 많이 달라졌지만, 식량을 마련하고 가족을 보호하며 번식을 위해 필요한 근력과 활력의 발달에 남성호르몬이 지대한 영향을 줍니다. 여성호르몬은 임신하고 건강한 출산을 위해 유연한 신체와 섬세한 마음을 갖도록 영향을 미칩니다. 혹시 여성호르몬의 역할이 남성호르몬의 역할에 비해 소박하다는 생각이 든다면 경솔한 겁니다. 유성생식하는 인간에게 종족 번식과 유지는 가장 중요한 일 중에 하나이고, 그 중요한 일에 아무래도 주도권은 여성이 가지고 있습니다. 에스트로젠, 프로게스테론으로 대표되는 여성호르몬들이 임신과 출산을 위해 최선을 다하고 있으므로 자손을 볼 수 있다는 말입니다. 남성호르몬, 여성호르몬 모두 중요합니다. 남자라고 유연한 신체와 섬세한 마음이 없다거나 여자라고 근력과 활력이 없다면 남성, 여성 이전에 정상적인 인간으로 살아가는 것이 매우 어렵겠지요. 남자에게도 적절한 여성호르몬이 필요하고, 여자에게도 적절한 남성호르몬이 필요하겠습니다. 반 농담입니다만, 할 수만 있다면 연애하다가 호르몬 검사 한 번쯤 해 보는 것은 무리일까요? 성격까지 영향을 주는 성호르몬이니, 미래를 약속할 사이라면 살짝 알아보고 싶지 않을까요? 혹시 슈퍼 울트라 테토남, 테토녀인데 발톱을 숨기고 있는 애인을 찾아낼지도 모르잖아요. 약간의 혈액과 수만 원 정도의 돈이면 된답니다. 성호르몬뿐만 아니라 성장호르몬이나 갑상샘호르몬과 같이 다른 중요한 호르몬도 검사할 수 있지요.

참고로 상식처럼 알려진 나이에 따른 남자와 여자의 변화가 있죠. 나이가 들면서 남자는 여성스러워지고, 여자는 남성스러워진다고 합니다. 그 이유가 이제 한 문장으로 정리가 되죠. 나이가 들면서 남자는 정소 기능의 축소로 남성호르몬이 줄고 상대적으로 줄지 않는 부신성 여성호르몬이 부각되어 점점 여성스러워지는 반면에, 여자는 난소 기능의 축소로 여성호르몬이 줄고 상대적으로 줄지 않는 부신성 남성호르몬이 부각되어 점점 남성스러워지는 원리랍니다. 가뜩이나 남성호르몬이 부족하다고 느끼는 저는 앞날이 걱정입니다.

㉑ 인슐린 약

? "인슐린은 왜 먹는 약으로 못 만들어요?"
"식물도 호르몬을 분비하나요?"

"먹을 수 있는 호르몬과 주사로 놓아야 하는 호르몬은 무슨 차이가 있어요?"

기본 지식

호르몬 중에서 갑상샘호르몬, 에스트로젠, 테스토스테론 등은 먹는 형태로 보충할 수 있지만, 인슐린이나 성장호르몬은 주사로 직접 체내에 투여해야 한다.

확실히 호르몬에 관해서는 질문이 많습니다. 덕분에 생물 수업할 때는 신이 납니다. 괜히 고등학생들이 과학 탐구과목 중 생물을 가장 많이 선택하는 게 아니네요. 전 이야기에서 여러 가지 호르몬 중 성호르몬을 다루었습니다. 인체에서 작용하는 호르몬은 수십 가지입니다. 호르몬의 정의를 어떻게 하는가에 따라 100가지 이상으로도 볼 수 있다고 합니다. 전통적으로 내분비샘에서 분비되는 것을 호르몬으로 보는 것에 한정하지 않고, 체내에서 합성되어 생리적 작용을 하는 화학

물질을 모두 호르몬으로 보면 개수가 많아지는 것이죠. 대표적으로 내분비샘에서 분비되지 않는데 호르몬으로 분류되는 것이 1994년에 발견된 '렙틴'입니다. 지방세포에서 분비되는 렙틴은 주로 식욕 억제와 에너지 균형 조절을 담당합니다. 우리 몸의 에너지 저장 상태를 뇌에 알려 주어서 포만감을 느끼게 해 주기 때문에 포만감 호르몬으로 불리는 녀석이죠. 편하게 다이어트할 수 있는 대표적인 방법이 밥을 느리게 먹는 것이라고 하는 이유가, 식사 후 20분 정도가 지나면 렙틴 분비가 최대로 도달하여 포만감을 느끼고 식사를 억제하려는 마음이 생기기 때문이죠. 또 단순히 혈액 펌프 역할만 하는 줄 알았던 심장도 호르몬[1]을 분비하는 것이 발견되었다고 하니, 제가 수업을 준비하면서 인체에 작용하는 호르몬이 정확히 몇 종인지 알아보려던 일이 왜 해결되지 못했는지 알겠네요.

혹시 우리나라 암 중에서 발생률 1위가 무엇인지 예상되나요? 위암? 대장암? 폐암? 정답은 갑상샘암입니다. 2009년에 처음으로 위암을 밀어내고 1위를 한 이후, 몇 번을 제외하고는 계속 1위 자리를 유지하고 있습니다. 10여 년 전, 친구의 아내가 갑상샘암으로 갑상샘을 모두 제거했다고 했을 때 걱정했던 기억이 납니다. 요즘은 갑상샘호르몬과 완전히 동일하게 합성 호르몬을 제작할 수 있습니다. 평생 합성 호르몬에 의지해야 하지만 하루 1번 정도 약처럼 편하게 먹어서 해결할 수 있

---

1) 심방성 나트륨이뇨 펩타이드, 뇌성 나트륨이뇨 펩타이드는 혈압과 체액량 조절에 관여함.

으니, 암 수술 후 그 정도면 환자로서는 심적인 부담을 크게 줄일 수 있죠. 그리고 이처럼 복용 관리가 편리하고 안정적이라는 사실은, 의료진이 갑상샘을 모두 제거하는 과감한 치료를 선택할 수 있는 중요한 의학적 근거가 되어 줍니다.

최근에 들어와서 새롭게 발견되는 호르몬을 제외하고, 이제 웬만한 호르몬은 합성할 수 있는 생명과학 수준입니다. 그러나 호르몬으로 인한 문제를 다 해결한 것은 아니죠. 이번 질문처럼 몇 가지 호르몬은 편리하게 약으로 먹을 수가 없다는 것입니다. 유명한 인슐린, 성장호르몬, 갑상샘자극호르몬 등은 약으로 먹을 수 없습니다. 따라서 매번 주사로 인체에 주입해야 하죠. 주사 한 번 맞기 싫어 우는 아이를 생각하면 여긴 괴로운 일이 아니겠습니다.

약으로 먹을 수 있는 갑상샘호르몬, 성호르몬, 부신피질호르몬 등과, 주사로만 투여해야 하는 인슐린, 성장호르몬, 갑상샘자극호르몬 등에는 어떤 차이가 있을까요? 먹을 수 있는 약으로 보충하는 것과 매번 주사를 놓아서 보충하는 것은 엄청난 차이죠. 두 그룹처럼 호르몬을 나눌 수 있는 것은 바로 소화기관을 통과할 수 있는지, 없는지에 달려 있습니다. 입으로 들어와 한 길로 연결된 소화기관을 통과하면서 분자 구조를 유지할 수 있는지, 없는지에 따라 약 형태로 먹을지, 주사로 투여할지가 결정되는 것이죠. 어떤 차이가 두 그룹의 운명을 결정했을까요?

질문 더하기 과학 수업

갑상샘호르몬(티록신)   인슐린

약으로 먹을 수 있는 호르몬은 작은 분자의 크기를 가진 지질 기반의 호르몬과 아미노산 기반의 호르몬입니다. 반면에 주사 투여해야 하는 호르몬은 큰 분자의 크기를 가진 단백질 기반의 호르몬[2]입니다. 느낌이 오죠? 단백질을 소화하면 최종적으로 아미노산이 됩니다. 인슐린, 성장호르몬, 갑상샘자극호르몬 같은 단백질 기반의 호르몬은 약의 형태로 소화기관에 들어오면 소화효소의 공격 대상이 됩니다. 소화효소가 거대한 사슬 구조의 단백질을 작은 아미노산으로 해체하는 것이니까요. 해체된 인슐린은 더 이상 인슐린이 아닙니다. 그럼 유산균을 소장까지 살아서 도달하게 하는 캡슐 기술 같은 것을 이용하면, 약처럼 먹을 수 있겠다고 생각하겠죠? 그것도 안 됩니다. 소화되지 않고 소화기관을 무사히 통과했다고 해도 단백질처럼 큰 분자는 소장에서 세포막을 통과하여 체내로 흡수될 수 없으니까요. 그럼, 갑상샘호르몬,

----

2) 단백질도 아미노산 기반이지만 아미노산이 여럿 연결된 큰 분자로서, 이미 작은 단위로 분해된 아미노산 기반의 호르몬과 의미를 달리 사용하고 있음.

성호르몬 같은 지질 기반의 호르몬과 아미노산 기반의 호르몬이 왜 소화기관을 무사히 통과할까요? 원인을 간단하게 말하자면, 싱겁게도 소화할 게 없어서입니다. 이미 세포막을 통과할 수 있을 정도의 크기인데 소화효소가 어디를, 뭘 공격해서 해체하겠습니까. 굶주린 사자 무리를 통과하는 개미들을 상상하면 되겠습니다. 덕분에 갑상샘호르몬, 성호르몬 같은 것은 편리하게 약으로 먹어서 호르몬으로 인한 문제를 해결할 수 있습니다.

인슐린, 성장호르몬은 아직 주사로 투여합니다. 주사 횟수를 줄이는 방법, 위를 통과해서 소장에서만 녹게 만드는 방법, 폐혈관으로 흡수시키고자 코로 흡입하는 방법, 미세한 바늘이 부착된 패치로 피부를 통해 투여하는 방법 등 여러 연구가 있지만, 인슐린의 필요가 식사량과 활동량에 따라 수시로 변한다는 점에서 태어날 때부터 가지고 있는 우리 몸의 완전자동 인슐린 공급 장치를 대체하기는 쉬운 일이 아니겠죠. 하긴 인슐린, 성장호르몬을 편리하게 약으로 먹을 수 있게 되면 과연 괜찮을까 싶기도 합니다. 예를 들어 성장호르몬을 약처럼 먹을 수 있다면 키를 마음먹은 대로 조절하는 것이 쉬워질 텐데…, 인슐린 주사에 대한 부담 없이 마음껏 탄수화물을 섭취할 수 있는 세상이라면…. 철학적으로도 고민이 필요할 듯합니다.

질문에도 인슐린이 등장했으니, 인슐린에 대한 오해 한 가지를 풀어보죠. 전 인슐린이 혈액 속에 돌아다니는 포도당을 글리코젠으로 바꾸어 혈당량을 떨어뜨린다고 알았습니다. 결과는 맞죠. 학생에게도 그렇게 가르칩니다. 그런데 작동 방식을 조금 더 깊게 알아보는 것도 괜찮을 듯합니다. 인슐린은 혈액 속에서 포도당을 직접 붙잡아 글리코젠으로 바꾸는 화학 반응의 촉매 같은 역할을 하지는 않습니다. 혈액 속에 포도당이 많을 때 인슐린은 근육세포나 지방세포에게 다가가 마치 비밀 첩보원처럼 문 열라고 특별하게 약속된 사인으로 노크합니다. 그러면 특별한 신호를 받은 포도당 수송체가 세포막으로 다가와 세포막을 열고 포도당을 세포 내로 들어오게 합니다. 그리고 효소가 포도당을 글리코젠으로 변환하죠. 결과는 혈액 속에 포도당이 줄어들겠죠. 인슐린이 직접 포도당을 어찌하지 않는다는 것입니다.

호르몬 얘기를 마치기 전에 식물도 호르몬이 있냐는 질문에 대해서 생각해 보는 시간을 가져 보겠습니다. 수많은 자극에 수시로 반응하여 항상성을 유지해야 하는 동물의 관점에서 호르몬은 꼭 필요한 시스템이지만, 움직임이 거의 없는 식물도 호르몬이 있기는 한 것인지, 필요하기는 한 것인지 궁금함이 생깁니다.

결론부터 얘기하면 식물도 호르몬이 있습니다. 식물은 동물 호르몬처럼 혈당이나 체온 같은 내부 환경을 관리하는 항상성보다는 외부 환경 변화(빛, 물, 중력, 상처 등)에 맞추어 성장과 발달을 통해 영구적인 구조적 변화를 조절하기 위해 호르몬을 사용합니다. 아무래도 동물의 호르몬보다 훨씬 조촐하지요. 크게 5개의 호르몬과 추가적인 1~2개가 알려져 있습니다. 식물도 동물과 마찬가지로 연구가 더 진행되면 추가로 호르몬이 발견될 수도 있겠죠. 주요 5개 호르몬은 옥신, 사이토키닌, 지베렐린, 앱시스산, 에틸렌입니다.

호르몬 이름	역할	특징
옥신	세포 신장 촉진, 뿌리 및 줄기 생장 방향 조절(굴광성, 굴지성), 정아 우세 유도[3]	최초로 발견된 식물 호르몬으로 줄기의 생장점에서 합성되어 작용함.
사이토키닌	세포 분열 촉진, 곁눈(측아) 성장 촉진, 노화 지연	뿌리 끝에서 합성되어 위로 이동하면서 옥신과 길항작용[4]을 함.
지베렐린	줄기 신장 촉진, 휴면 타파 및 발아 촉진	종자 발아에 매우 중요하며 농업에서 열매의 거대화 등에 사용함.
앱시스산	휴면 유도, 기공 폐쇄, 발아 억제	식물이 스트레스(가뭄, 추위, 불볕더위 등)를 받을 때 합성되어 식물의 생존을 돕는 방어 호르몬.
에틸렌	열매 성숙 촉진, 노화 및 낙엽 유도, 스트레스 반응	유일하게 기체 상태로 존재하는 호르몬. 상업적으로 과일 후속에 이용됨.

식물은 확실히 동물보다 호르몬이 작용하는 방법도 단순합니다. 동물처럼 몇 단계를 거쳐 작용하는 방식이 아니죠. 예를 들어 볼까요? 동물은 갑상샘호르몬이 분비되는 과정만도 사실 간단하지 않습니다. 뇌하수체와 시상하부가 서로 신호를 주고받으며 체내에 갑상샘호르몬

----

3) 식물의 줄기 끝에 있는 눈(정아)이 자라면서, 줄기 옆에 있는 곁눈(측아)의 생장을 억제하는 현상임.
4) 두 가지 이상의 요인이나 물질이 서로 반대 방향으로 작용하여 그 효과를 상쇄시키는 현상임.

양을 체크합니다. 갑상샘호르몬이 부족하다고 판단되면 뇌하수체에서 갑상샘자극호르몬을 분비하고, 그 명령에 따라 갑상샘에서는 갑상샘호르몬을 분비합니다. 갑상샘호르몬 유지만도 이리 복잡하죠. 그에 비하면 식물은 논스톱 서비스 수준입니다. 그렇다고 무시하는 것에는 반대입니다. 우리가 사용하는 물건도 그렇지만 무조건 복잡하다고 좋은 것은 아니죠. 사용 목적에 딱 맞으면서 단순하게 만들어졌는데, 확실하게 작용하고 생존에 효율적이라면 금상첨화 아니겠습니까. 예를 들어 옥신은 식물이 햇빛을 향해 자라고 구부러지게 만드는 데, 그 원리가 매우 간단합니다. 줄기 끝의 생장점에서 합성된 옥신은 빛을 감지하면 빛이 제일 약한 쪽의 세포로 이동합니다. 옥신은 세포를 빠르게 자라도록 촉진제 역할을 하니 빛이 제일 약한 쪽의 세포들이 빠르게 성장하게 되죠. 그 영향으로 줄기가 똑바로 자라는 것이 아니라 빛을 향해 휘어 자라게 됩니다. 옥신은 줄기를 햇빛 쪽으로 휘게 하는 굴광성에 영향을 주기도 하지만, 뿌리를 땅 아래로 휘게 하는 굴지성에도 영향을 줍니다. 원리는 거의 똑같습니다. 줄기 쪽에서 만들어진 옥신은 중력의 영향으로 뿌리 아래쪽에 많이 쌓이는데, 줄기와 달리 옥신에 매우 민감한 뿌리 세포는 그 농도가 짙어지면 성장이 오히려 억제됩니다. 마치 호흡에 꼭 필요한 산소지만 너무 많아도 치명적인 영향을 주는 것과 비슷하네요. 옥신에 민감한 뿌리와 많이 쌓인 옥신 때문에 아래쪽이 억제되고 위쪽 세포가 빠르게 성장하면서 땅속으로 뿌리가 휘게 됩니다.

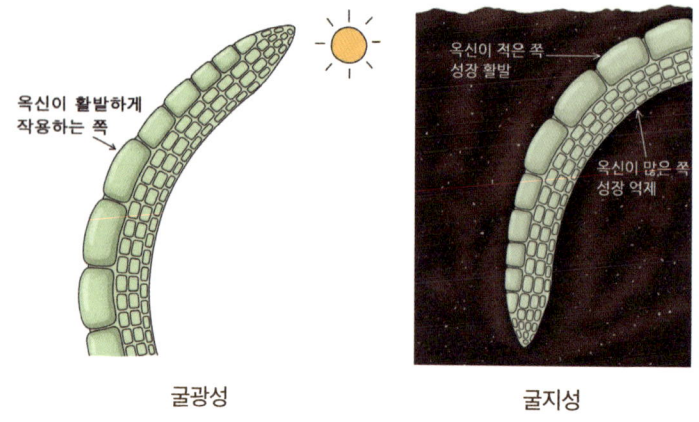

　이제 옥신보다 더 유명한 식물 호르몬, 에틸렌에 대해서도 잠깐만 얘기하죠. 에틸렌은 옥신과는 다르게 생장을 억제하고 휴면기를 준비하는 호르몬입니다. 과일 보관 얘기를 하면서 에틸렌 얘기가 자주 나오는데, 이 에틸렌이 식물의 호르몬인 줄 몰랐겠지요. 에틸렌은 호르몬 중에 유일하게 기체 상태입니다. 분자식도 제일 간단해요. C_2H_4. CH_4 메탄(메테인)에 탄소가 하나 더 붙었네요. 당연히 쉽게 인공 합성하여 과일 후숙에 이용합니다. 덜 익었을 때 따서 유통했다가 원할 때 에틸렌에 노출해 익히는 것이죠. 가정에서도 활용할 수 있습니다. 사과나 바나나는 에틸렌을 많이 분비하는 과일 중 하나입니다. 반면에 아보카도나 그린 키위는 에틸렌을 적게 분비하는 과일입니다. 초록색 아보카도를 사서 후숙되길 기다려 본 사람은 알겠지만, 꽤 오래 걸립니다. 사 놓았다는 걸 잊어버려서 버린 적도 있지요. 이때 사과와 아보

질문 더하기 과학 수업

카도를 같은 곳에 넣어 보관한다면, 사과에서 분비된 에틸렌의 도움을 받아서 빠르게 아보카도를 익혀 먹을 수 있답니다.

식물 호르몬도 동물 호르몬처럼 대부분 인공 합성하여 농업에 적극적으로 이용한다네요. 지베렐린 같은 경우는 열매를 크게 키우는 호르몬이니 이용하기 얼마나 좋겠어요. 집 마당에서 키우는 복숭아, 사과, 배 같은 것이 왜 마트에서 파는 것보다 작은지 짐작되죠? 우리에겐 농부의 정성+α가 없는 겁니다. α는 뭘까요?

㉒ 물 부족 국가

❓ "물 부족 국가 맞아요?"

"중위도 지역 나라들은 모두 우리나라와 비슷한 기후를 가진 것 아닌가요?"

기본 지식

1인당 이용할 수 있는 수자원량은 국토 면적에 떨어지는 연간 강수량 중 증발과 증산 등 기화에 의한 손실을 제외한 유출량을 인구수로 나눈 값이다. 한국의 1인당 이용할 수 있는 수자원량 평균은 1,507㎥/년 규모로 타 국가 대비 적은 편이며, 물 스트레스 국가(1,700㎥ 이하)로 분류되어 있다. 미국의 국제인구 행동연구소(PAI)는 물 풍요 국가를 1인당 연간 가용 수자원량이 1,700㎥ 이상, 물 스트레스 국가를 1,000~1,700㎥, 물 기근 국가는 1,000㎥ 미만을 기준으로 분류한다.

'한국이 물 부족 국가인가?'라는 질문에는 꾸준하게 대답이 필요합니다. 잊을 만하면 가뭄 때문에 고생하는 지역이 방송에 등장해서 그런지 아직도 긴가민가한 학생이 여전히 많죠. 이번엔 물 부족 국가에 관한 이야기를 시작으로 특별한 한국 기후를 고찰해 보겠습니다.

결론부터 얘기하면 한국이 물 부족 국가로 분류되었다는 것은 과잉 해석입니다. 뉴스를 찾아보면 이 오해는 2003년 미국의 국제인구 행동연구소(PAI) 보고서에서 한국의 1인당 연간 가용 수자원량이 153개 국가 중 129위로, '물 스트레스 국가'로 분류되면서부터로 보입니다. 이후 UN 산하 단체에서 이 자료를 인용하고, 2010년대 국내 언론사에서 확대해석하여 자주 기사로 쓰면서 우리나라 사람들의 인식으로 굳어져 간 오해로 보이죠. 물 부족 국가가 아닌 '물 스트레스 국가로 분류되어 있다.'가 맞는 말입니다. 한국수자원공사에서 매년 발행하는 세계 물의 날 자료집에서 2003년의 PAI 보고서(1인당 연간 가용 수자원량 153개 국가 중 129위)와 2002년 영국 생태환경 및 수문학센터(CEH) 발표 자료(물 빈곤 지수 147개 국가 중 43위)를 근거로 하여 수자원에 관한 국민의 관심을 촉구하고 있는 정도이지요. 2003년의 PAI 보고서에서 조사 대상이 된 153개국 중 물 풍요 국가(1인당 연간 가용 수자원량 1,700㎥ 이상)가 중국 등 123개국이고, 물 스트레스 국가(1,000~1,700㎥)가 한국 등 15개국, 물 기근 국가(1,000㎥ 미만)가 이집트 등 15개국이라고 하니 한국은 확실히 물이 풍요로운 나라가 아닌 것만은 확실하겠네요.

하지만 수도꼭지에서 꽐꽐 나오는 물을 보면 물 스트레스 국가라는 것이 실감 나지 않습니다. 우리나라 국민 대부분이 수도 요금을 걱정하며 물을 쓰지는 않는 것 같으니까요. 실제로 GWI(Global Water Intelligence 글로벌 물 전문 조사 기관, 영국 소재) 2024년 통계 기준에 따르면 한국은 평균 수도 요금(지자체마다 다름)이 톤당 796원으로 주요 해외 국가 평균 수도 요금, 톤당 2,143원에 비해 약 37%밖에 되지 않습니다. 영국의 약 5분의 1, 미국의 약 4분의 1, 일본의 약 1.5분의 1 수준이라네요. 물의 질이 좋아 정수 비용이 적게 드는 점, 인구 밀도가 높아 수도 기반 시설 비용이 적게 드는 점 등 때문에 수도 요금이 낮을 수 있겠지만, 그래도 물값이 싼 것만은 분명합니다. 물 스트레스 국가에서 물값이 싸다는 것은 좀 아이러니하네요. 이런 일이 가능한 이유는 그만큼 물 관리를 잘하고 있다고 봐야 합니다. 물이 많이 필요한 논농사와 연중 고르지 못한 강수량 등 때문에 곳곳에 저수지, 보, 댐을 건설하여 물 부족에 대비하고 있죠.

우리나라의 연평균 강수량은 평균 약 1,300mm(1991~2020년)로 세계 평균(약 810mm)과 비교해 약 1.5배 이상 높은 편입니다. 그런데도 물 스트레스 국가로 분류된 원인[1]은 크게 세 가지입니다. 첫째, 국토 면적 대비 높은 인구 밀도 때문에 1인당 이용할 수 있는 수자원량이 현저히 줄어듭니다. 세계 평균의 1/13 정도 수준이 된다고 하네요. 둘째, 계절에 따른 강수량의 편차가 크다는 점입니다. 여름 강수량이 연 강수량의 55.4%, 겨울 강수량이 6.6%로 특정 시기에 강수량이 집중되는 경향이 큽니다. 셋째, 국토의 63%가 산악지형으로 경사가 급하고 하천의 길이가 짧기에 이용할 수 있는 수자원이 빠르게 바다로 빠져나간

---

1) 한국수자원공사 2024년 제32회 세계 물의 날 자료집.

다는 점입니다. 가진 자원이 거의 없어서 슬픈 나라인데 수자원마저 열악한 상황이라니 안타깝습니다. 하지만 축복받은 점도 있습니다. 첫째는 수자원 분쟁이 없다는 점이죠. 메콩강의 상류를 움켜쥐고 있는 중국에 위협받는 베트남이나, 인더스강의 상류를 움켜쥐고 있는 인도에 위협받는 파키스탄 등과 같이 강을 공유하면서 수자원 갈등을 겪을 일이 없다는 점입니다. 큰 강은 여러 나라가 공유하는 경우가 생각보다 많거든요. 양쯔강, 나일강, 갠지스강, 인더스강, 콜로라도강, 메콩강, 유프라테스강 등 대부분이 갈등을 겪고 있습니다. 앞에 언급한 강보다 규모는 좀 작을지 몰라도 우리나라에는 고르게 강이 흘러내리고 있죠. 둘째는 물의 질이 아주 우수하다는 점입니다. 안타까운 점일 수도 있지만, 물만을 한정해서 본다면 한국 땅속을 대부분 채우고 있는 단단한 화강암과 편마암의 덕분입니다. 마그마가 식어 만들어진 화강암이나 열과 압력으로 변성한 편마암 지질에서 석유, 가스 같은 자원이 있기는 어렵지만, 석회 성분이 없는 깔끔한 물맛을 자랑할 수 있지요. 뭐든 부족한 나라에서 먹는 물 정도는 호사를 누려도 되지 않을까 싶습니다.

대한민국 50대 세대에게는 소위 '국뽕'의 마음이 조금씩 있지 않나요? 한참 나라가 급속히 성장하던 80, 90년대에 학창 시절을 보내면서 정치 사회적으로, 자의 반 타의 반으로 국뽕이 차올랐던 시기였던 것 같습니다. 오죽하면 사계절이 뚜렷하다는 것마저도 자랑으로 여길 정도였지요. 물론 사계절이 뚜렷하다는 것이 좋은 점도 있겠지요. 다양한 자연의 변화를 만끽할 수 있다는 점+α쯤. 하지만 사람은 항온동물이고 변화는 스트레스를 동반합니다. 지구의 자전축이 기울어진 채 태양을 공전하니 계절에 변화가 아예 없을 수는 없지만, 당연히 적당한 기온에다 온도변화가 적을수록 살기 좋겠지요. 미국의 샌디에이고, 호주의 시드니, 포르투갈의 리스본 등은 연평균 기온이 18~20℃이고 연교차도 10℃ 이하로 1년 내내 우리나라의 봄·가을이 지속된다고 합니다. 날씨로만 보면 지상낙원이라고 할 수 있겠죠. 반면에 서울은 2023년 기록을 보니 연중 최저 기온이 -17.1℃, 최고 기온은 35.4℃로 연교차가 50℃ 이상 납니다.

위도 20~60° 지역(태평양은 폭을 좁힌 이미지)

어릴 때는 중위도 지역의 나라들은 대부분 우리나라와 날씨 상황이 비슷할 것으로 생각했습니다. 적당히 덥고, 견딜 수 있을 만큼만 추운…. 그런데 아니었습니다. 우리나라만큼 연교차, 일교차가 많이 나는 지역은 흔치 않습니다. 전 세계 중위도 지역에서, 한국처럼 대륙성 기후와 해양성 기후의 영향을 동시에 받아 연교차가 극심한 곳은 흔치 않거든요. 그나마 제일 비슷한 성향의 지역이라 봐야 뉴욕을 비롯한 미국 동부 정도라고 합니다. 서울과 뉴욕은 위도가 비슷하다는 점뿐만 아니라, 대륙과 대양의 경계에 위치하고 있어서 여름에 해양성 기후에 영향을, 겨울엔 대륙성 기후에 영향을 받는다는 공통점이 있죠. 추가로, 서쪽에서 동쪽으로 지속적인 바람이 부는 편서풍 지대에 있으므로 동쪽 바다보다는 서쪽 대륙의 영향을 더 많이 받는 점도 유사합니다. 편서풍 때문에 비열이 높은 바다보다, 쉽게 가열되고 식는 땅의 영향을 더 많이 받는 것은 온도 차이를 크게 나게 하는 요인이 되죠. 이 영향의 반대되는 곳이 서유럽과 미국 서부 지역입니다. 똑같은 편서풍 지대이지만 서쪽에 바다를 두고 있어 비열이 높은 바다의 영향을 많이 받고, 온도 차이가 덜 나게 되는 것이죠. 중위도 지역에서 대륙의 동쪽에 있는 나라가 더 극단적인 날씨를 띠게 된다는 말인데, 그런 조건의 나라를 뽑으라면 딱 대한민국인 것입니다. 그것도 지구에서 제일 넓은 유라시아대륙과 제일 넓은 태평양을 마주하고 있으니, 겨울엔 최고 성능의 에어컨과 여름엔 최고 성능의 히터를 공급받은 셈이 됩니다.

거기다 평지가 적고 경사가 급한 지형을 가진 우리나라에 제공되는 보너스 아이템이 있습니다. 이건 그나마 우리나라와 기후가 비슷하여 위안이 되는 미국 동북부도 갖지 못한 것이죠. 바로 바람입니다. 특히 겨울엔 시베리아 고기압이 만들어 내는 계절풍과 남하한 편서풍이, 경사가 급한 지형의 영향으로 강화되면서 더 센바람을 만듭니다. 가뜩이나 건조한 겨울에 바람까지 많이 부니 체온이 더 빨리 떨어지면서 체감 온도를 훨씬 더 낮추게 됩니다. 또 여름엔 습기가 땀의 증발을 방해한 덕분에 체감 온도를 더 올리게 되죠. 아까 언급했던 2023년 서울 기준 최고 기온과 최저 기온의 연교차 50℃가 극단적인 겨울의 바람과 여름의 습도로 인해 60℃ 이상으로 벌어지게 됩니다. 체감 온도상으로 최고 기온이 40℃가 넘고, 최저 기온이 -20℃ 아래로 내려가는 나라가 우리나라인 겁니다. 다시 말하지만, 부디 이탈리아 남부나 중동, 아프리카에서 여름 기온이 40℃가 넘었다는 뉴스를 보고 안타까워 말길 바랍니다. 후텁지근한 우리나라 더위에 비하면 라이트한 더위니까요. 영하 20℃까지 떨어지는 모스크바 겨울이 안쓰럽다고요? 우리나라처럼 칼바람이 불지 않으니 우리 걱정이나 하는 게 좋을 듯합니다. 이제 단군 할아버지가 부동산 사기를 당했다는 누군가의 말에 고개가 끄떡여지죠.

민족성은 기후와 지리에 엄청난 영향을 받습니다. 대한민국을 대표하는 민족성 '빨리빨리'는 괜히 나온 것이 아닙니다. 장마, 태풍, 불볕더위를 동반한 긴 여름과 살을 에는 추위를 가진 긴 겨울엔 농사를 비롯하여 거의 활동할 수 없습니다. 나머지 짧은 봄과 가을에 농사도 지어야 하고 혹독한 겨울의 생존을 빨리빨리 준비해야 합니다. 그렇지 않으면 조금 힘들어지는 것이 아니라 죽습니다. 계절의 변화는 붙잡을 수 있는 것이 아니니 빨리빨리 움직이는 수밖에 없습니다. 지중해성 기후 속에서 사는 이탈리아 사람들의 낭만적인 민족성은 이 땅에서 사치 중의 사치입니다.

너무 비관적인 얘기죠? 사람은 긍정적인 게 더 좋죠. 우리나라의 기

질문 더하기 과학 수업

후와 지리 때문에 얻게 된 것도 간단히 정리하면서 글을 마칠까 합니다. 먼저, 좀 전에 언급한 빨리빨리 문화입니다. 이걸 긍정적으로 보면 성실성입니다. 전 세상에서 근면 성실성은 탑 수준 아니겠습니까? 유명한 아랍에미리트의 최고층 빌딩 부르즈 칼리파, 말레이시아의 페트로나스 트윈 타워, 사우디아라비아의 주베일 산업항 등의 세계적인 건축 토목공사에서, 완성도와 완공 속도로 세계를 놀라게 한 사례가 한두 개가 아닙니다. 택배 서비스는 그야말로 넘사벽 세계 최고속도죠. 이렇게 빨라도 되나, 이렇게 빠를 필요가 있나 싶을 정도입니다. 둘째, 생존력입니다. 이건 생물과 무생물을 아우릅니다. 우리나라 사람은 극단적 기후와 지리 덕분에 웬만한 곳에서는 생존해 냅니다. 불볕더위의 중동 건설 현장, 황량한 중앙아시아 고려인 강제 이주, 몽골 및 만주의 건조 기후에서 농업 활동 등이 그 사례죠. 당연하게 한국에서 만든 많은 제품도 한국인과 닮았습니다. 한국에서 만든 자동차, 탱크는 사막도 설원도 막 달립니다. 전자제품도 웬만한 기온에는 끄떡없습니다. 극단의 기후를 가진 한국에서 작동해야 하니까요. 그 강인함은 한국인을 빼다 박았죠. 한반도에 사는 동·식물은 또 어떤가요? 척박한 한반도에서 풀려나 살기 좋은 타국에서 생존력과 번식력을 뽐내는 부레옥잠, 칡, 장수말벌, 다람쥐, 가물치, 잉어, 족제비 등의 소식을 들으면 약간 후련함까지 느껴집니다. 셋째, 뭐든 잘 만듭니다. 극단적인 기후, 불리한 지형, 자원 부족은 우리에게 많은 것을 만들 수밖에 없게 만들죠. 옛날에는 부지런함 말고는 어쩔 방법이 없었지만, 이젠 기후와 지리의 불리함을 극복하기 위해 과학 기술을 적극적으로 활용할 수 있습니다. 세계에서 실질적으로 제품의 수준과 다양성을 같이 봤을 때 우리나라를 따라올 나라가 있을까요? 정말이지 뭐든 만들어 냅니다. 반도체, 자동차, 컴퓨터, 화장품, 핸드폰, 미사일, 탱크, 항공기, 선박, 의류, 철강, 석유화학제품, 건설기계, 가전제품 등등 심지어는 손톱깎이까지 세계 최고 수준으로 만들어 냅니다. 그 제품들에 들어가는 부품까지요. 이런 나라 있을까요? 정말이지 자부심을 느껴도 됩니다. 이밖에도 긍정적으로 볼 면들이 더 있을 겁니다만 줄이겠습니다. 언급하면 할수록 이렇게 치열하게 살아야 하는 우리 동포들에 대한 안쓰러움도 같이 커지는 것은 어쩔 수가 없네요.

땅 위로 날씨도 극단적이고, 농사짓고 살기 좋은 평지도 별로 없으며, 땅속에 자원은 어찌 그리 없는지…. 그래도 살아남은 우리나라 국민은 뛰어난 역량을 가질 수밖에 없습니다. 단군 할아버지가 물려준 땅은 '사기당한 땅'이었을지 몰라도, 우리에게 '가장 강인한 생존 DNA'를 심어 준 최고의 훈련장이기도 했던 셈입니다. 그 결과가 전쟁의 폐허를 딛고 짧은 시간에 선진국이 된 현재가 아닐까 싶습니다. 자랑스러워하고, 서로 싸우지 말고 위로하며 힘냅시다.

대한민국 아자아자!

글감 예비 후보들을 소개합니다

전 학생 때부터 여러 가지 슈퍼 능력 중에서 특히나 투시력을 갈망했습니다. 시험 볼 때면 책상 서랍 속의 교과서와 프린트가 너무 보고 싶었거든요. 암기력이 부족한 사람의 자기변명이지만, 책상 속 바로 몇 cm 밑에 있는 것을 책상 위 시험지에 그대로 옮기는 일에 제 엉덩이와 종아리가 걸려 있는 것이 슬펐습니다. 그런 면에서 대학교 교양과목 시간에 1~2시간 넉넉히 주고 해당 주제에 대해 글을 쓰게 하는 방식의 시험이나 보고서 과제는 훨씬 편안한 마음으로 임할 수 있었습니다. 그때는 인터넷이 없을 때니 과제 평가도 충분히 훌륭한 평가 방식이었습니다. 저는 2000년을 기점으로 평가받는 사람에서, 평가하는 사람으로 처지가 바뀌었습니다. 수업과 평가에서 학생에게 최대한 외우는 것을 줄여 보려고 노력했던 것 같습니다. 그리고 몇 년 전, 남은 교직 생활의 수업 방식과 평가의 뼈대를 마련했습니다. 질문 노트 작성하기. 질문 노트는 과학적 사고를 기르는 데도 매우 현실적인 도움이 될 것입니다.

과학적 사고는 상당히 광범위한 개념입니다. 과학적 사고가 정확히 정의되어 있지는 않지만, 과학과 교육과정 목표에서 가장 중요한 단어를 꼽으라면 과학적 사고, 과학적 소양이라고 생각합니다. 과학적 사고의 정의는 사람마다, 학자마다 조금씩 다르죠. 저는 학생들에게 과학적 사고를 쉽게 받아들일 수 있도록 이렇게 설명합니다. 모든 일과 결과에는 원인이 있을 테니 그 원인과 과정을 고민하는 것이 과학적 사고이고, 그 태도가 과학적 소양이라고 말합니다. 이 책의 한 챕터에서 언급한 과학(科學, 과정을 공부) 과목 이름의 뜻에 살을 붙인 것이죠. 학생의 과학적 사고를 기르는 것이 교육 목표라면, 그 시작은 바로 질문할 수 있는 학생을 만드는 것이 아닐까요?

수업과 평가 방식으로써 학생들과 나눈 소통의 결과를 몇 가지 더 소개합니다. 질문 노트 수업이 반복되면서 뭔 질문이 또 있을까 싶지만, 아이들은 여전히 제 사고의 빈 곳을 잘 노립니다. 제가 미처 궁금해하지 않았던 질문을 찾아내죠. 이제는 머릿속에 질문 데이터가 꽤 쌓여서 엎드려 절 받기 식으로 질문을 유도하는 때가 많습니다. 그래도 괜찮습니다. 똘똘한 생각쟁이들은 가지 질문을 뻗어 내거든요. 기특한 아이들입니다. 앞으로도 저와 아이들의 수업에서 더 많은, 더 좋은, 더 기발한 질문들이 오가기를 기원합니다.

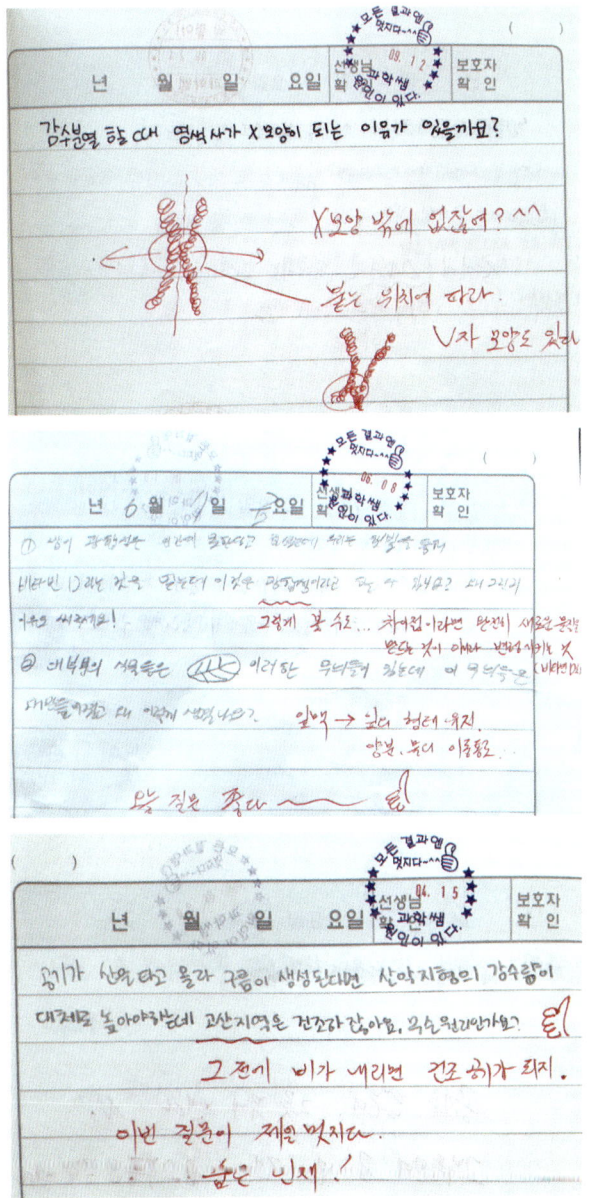

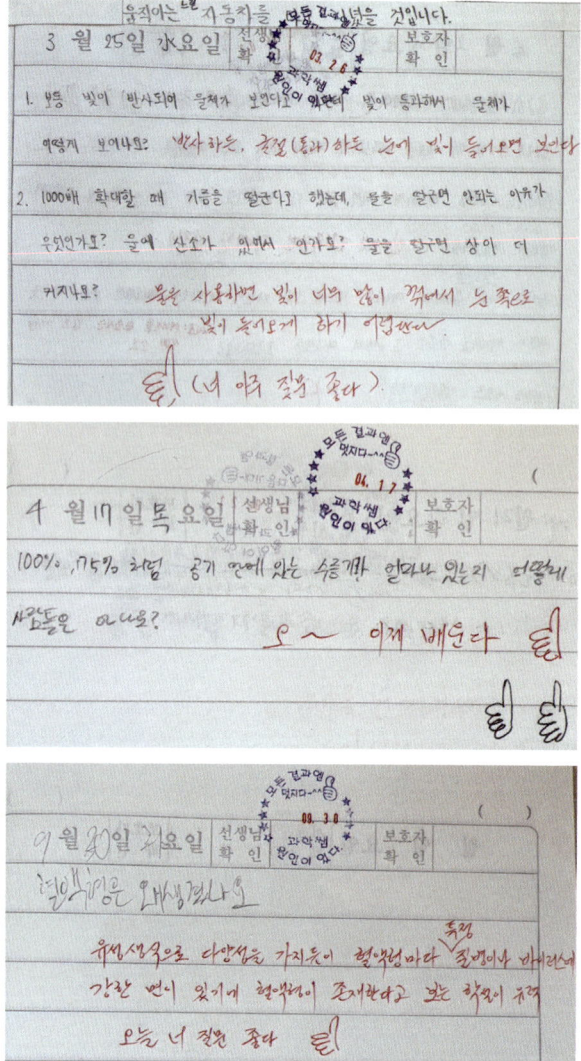

움직이는 ... 자동차를 ... 것입니다.

3월 25일 水요일 | 선생님 확인 | 보호자 확인

1. 9등 빛이 반사되어 물체가 보인다요? 아니면 빛이 통과해서 물체가 어떻게 보여나요? 반사 하는, 굴절(통과)하든 눈에 빛이 들어오면 보인다

2. 1000배 확대할 때 기름을 딸군다 했는데, 돌을 딸군면 안되는 이유가 무엇인가요? 물에 산소가 있어서 연가요? 물을 딸구면 상이 더 커지나요? 물은 사용하면 빛이 너의 많이 꺾여서 눈 쪽으로 빛이 들어오게 하기 어렵다

(너 아주 질문 좋다)

4월 17일 목요일 | 선생님 확인 | 보호자 확인

100%, 75% 처럼 공기 안에 있는 수증기 얼마나 있는지 어떻게 비교들은 어느요? 오~ 이게 배운다

9월 30일 ...요일 | 선생님 확인 | 보호자 확인

혈액형은 왜 생겼나요

유전 정보로 다양성을 가지듯이 혈액형마다 응집이나 바이러스에 강한 면이 있기에 혈액형이 존재한다고 보는 학자가 ...

오늘 너 질문 좋다

226 질문 더하기 과학 수업

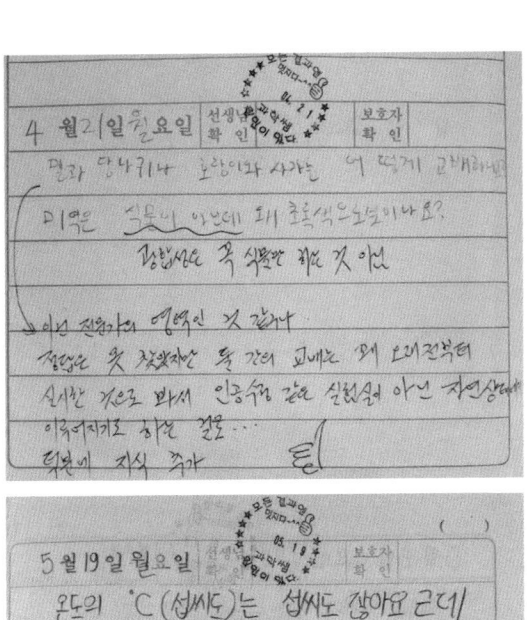

4월21일 월요일 | 선생님 확인 | 보호자 확인

5월19일 월요일 | 선생님 확인 | 보호자 확인

온도의 °C (섭씨도)는 섭씨도 맞아요 근데
섭씨도의 섭은 뭔 뜻이에요? 0~100 등분 기준으로
차가운 적은 공기중에 온도가 달라서
따뜻한 경운 미지근한 공기가
느낌이 나기 때문

8월2일 금요일 | 선생님 확인 | 보호자 확인

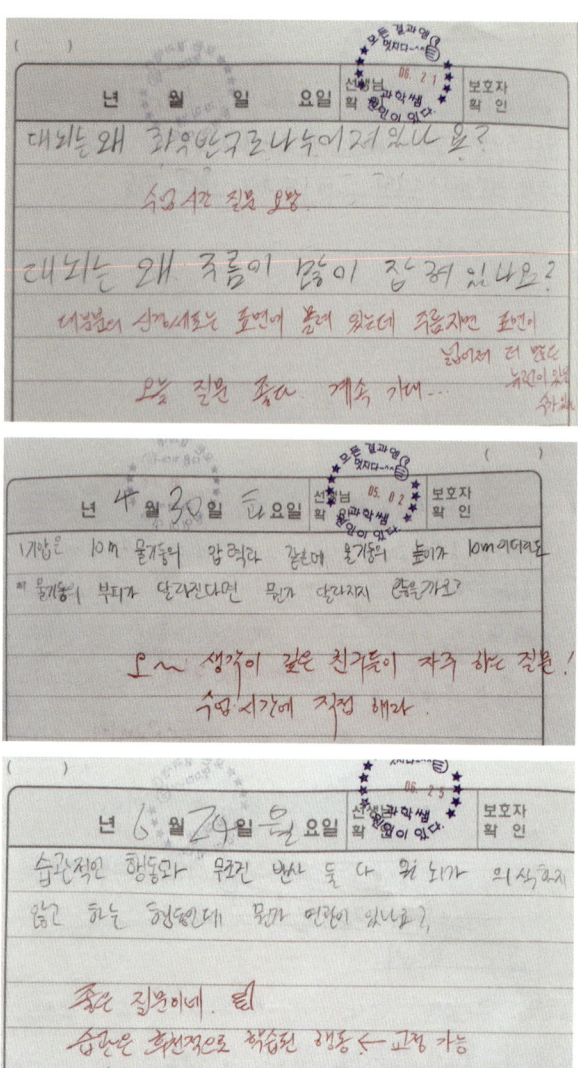

질문 더하기 과학 수업

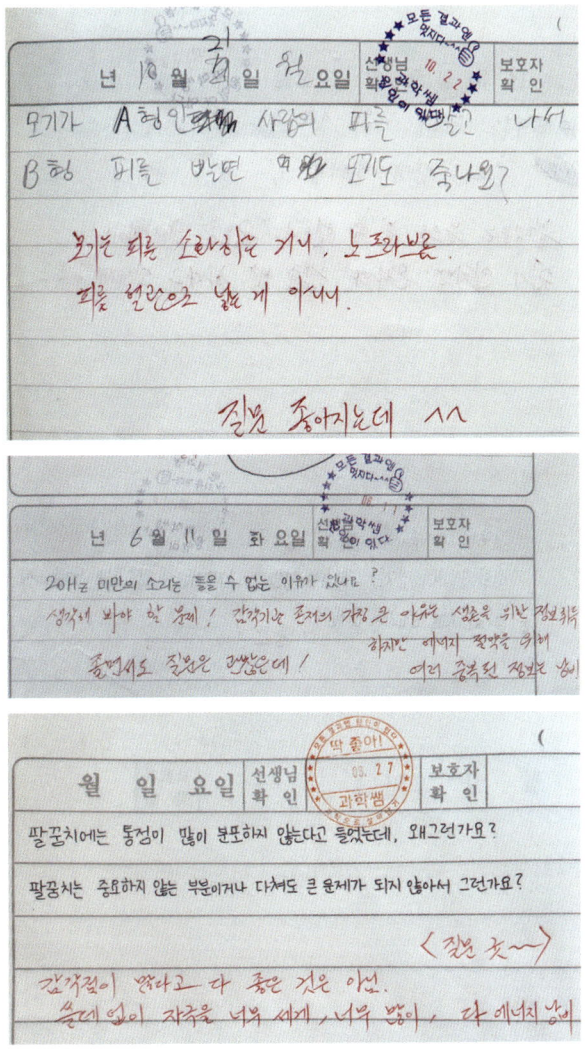

9월 1일 월요일

사람이 쓰러지면 기도 확보를 먼저 하라는데 그럼 쓰러지면 멀려졌는 기도가 달라요?

당뇨에 걸린다면 포도당도 많이 섭취하면 안되나요? OK

3월 17일 ...요일

1. $2H_2 + O_2 \rightarrow 2H_2O$

2. CH_4, CO_2, H_2O 등등은 왜 일상으로 ...?

3. $CH_4 + 2O_2 \rightarrow (O_2 + 2H_2O$

년 9월 24일 요일

산소가 많으면 더 빨개진다고 했는데 (피색 깔이)
그럼 산서나서 피가나면 더 빨개져야 하는거
아닌가요?

참고문헌

2. 평범함의 가치
- 진화의 키, 산소 농도. 피터 워드. 뿌리와 이파리. 2012년.

4. 세상의 빛과 소금
- 원자, 인간을 완성하다. 커트 스테이저. 반니. 2014년.

5. 이름이 뭐니
- 지질시대. 최덕근. 서울대학교출판문화원. 2022년.

6. 뻔한 질량 보존 법칙
- 하늘과 바람과 별과 인간. 김상욱. 바다출판사. 2023년.
- 어떻게 세계는 서양이 주도하게 되었는가. 로버트 B 마르크스. 사이. 2014년.

8. 색즉시공 공즉시색
- 거의 모든 것의 역사. 빌 브라이슨. 까치. 2020년.
- 우주를 만지다. 권재술. 특별한서재. 2020년.
- 현대물리학. SERWAY 외. 북스힐. 2007년.
- 물리상수 이야기. 고타니 다로. 초사흘달. 2024년.

9. 1N의 힘
- 단위를 알면 과학이 보인다. 곽영직. 세로북스. 2023년.

13. 식물 동물 기타 등등

- 100가지 식물로 읽는 세계사. 사이먼 반즈. 현대지성. 2024년.

16. 넓은 바다 좁은 육지

- 아는 만큼 보이는 세상: 화학 편. 사마키 다케오. 유노책주. 2024년.

19. 월경의 굴레

- 섹스의 진화. 재레드 다이아몬드. 사이언스북스. 2005년.
- 생명이 있는 것은 다 아름답다. 최재천. 효형출판. 2006년.

21. 인슐린 약

- 바디 우리 몸 안내서. 빌 브라이슨. 까치. 2020년.
- 생어가 들려주는 인슐린 이야기. 고문주. 자음과모음. 2011년.
- 내 몸의 설계자, 호르몬 이야기. 박승준. 청아출판사. 2022년.

22. 물 부족 국가

- 제32회 세계 물의 날 자료집. 한국수자원공사. 2024년.